Technologie
du Thé

BIBLIOTHÈQUE D'AGRICULTURE COLONIALE

Technologie du Thé

Composition Chimique de la Feuille
Récolte et Manipulation
Procédés Européens. — Procédés Asiatiques

PAR

H NEUVILLE

PARIS

Augustin CHALLAMEL, Éditeur

17, RUE JACOB

Librairie Maritime et Coloniale

—

1905

TECHNOLOGIE DU THÉ

INTRODUCTION

Le thé est incontestablement l'un des plus précieux parmi tous les produits que nous fournissent les régions tropicales. Aussi ne peut-on s'étonner de l'abondance des documents bibliographiques qui, depuis près de trois siècles, nous renseignent sur son origine, sa nature et ses propriétés. Depuis quelques années, à ces documents se sont ajoutés des travaux relatifs surtout à l'étude de la culture du théier et à son introduction dans les colonies, anciennes ou nouvelles, fondées par les Européens dans les pays chauds. C'est ainsi que nous avons vu paraître successivement, pour ne citer que des ouvrages français, les livres de MM. Coulombier, Boutilly et Guigon, dont les deux premiers sont surtout rédigés au point de vue agricole d'après des observations faites à Ceylan, le côté industriel s'y réduisant à de simples descriptions, tandis que le troisième l'est plus spécialement au point de vue commercial.

Il m'a semblé utile d'ajouter un complément à ces ouvrages.

Dans ces dernières années, je pourrais même dire dans ces derniers mois, le côté industriel de la production du thé a pris un relief qui ne lui avait pas toujours été reconnu. Des découvertes, aussi importantes qu'inattendues, ont été faites tout récemment, découvertes qui permettent de raisonner et de mieux conduire la préparation de ce qu'on appelait naguère « la feuille chinoise ».

En ce qui concerne le thé, la question d'actualité est donc celle de son industrie.

Or, en dépit des lourds sacrifices que s'imposent les budgets coloniaux ;pour favoriser des études scientifiques spéciales, la littérature française reste incroyablement pauvre sur ce sujet, qui, pourtant, intéresse nos colonies tout aussi directement que celles de l'Angleterre ou de la Hollande ; quant aux littératures étrangères, beaucoup plus riches que la nôtre à ce point de vue, elles le sont surtout en documents épars et difficiles à coordonner.

Une lacune existait ainsi ; je me suis proposé de contribuer à la combler, tout en regrettant que ce travail n'ait pas tenté quelque auteur plus autorisé, et je prie d'avance les critiques de vouloir bien excuser, s'il y a lieu, ces imperfections qui échappent si facilement à quiconque traite un sujet aussi nouveau, et surtout aussi varié, que l'est celui-ci.

Le présent ouvrage a pour but de faire connaitre aux intéressés : savants, industriels, commerçants, aussi bien qu'aux simples curieux, les principes de la préparation industrielle, et, d'une manière plus générale, la *technologie* du thé (1). Tout en restant à la portée des personnes incomplètement préparées à en étudier le côté théorique, je ne m'en efforcerai pas moins d'exposer assez complètement les découvertes scientifiques récentes aux- quelles je faisais, ci-dessus, allusion. Je m'estimerais heureux si je pouvais réussir, ne serait-ce que partiellement, à atteindre ce double but.

---

(1) Je serai assez bref sur tout ce qui concerne la machinerie, dont j'expose simplement les principes indispensables, pouvant à la rigueur permettre aux intéressés de dresser eux-mêmes des avant projets, qu'ils ne sauraient, en aucun cas, se dispenser de faire mettre au point par un technicien.

Je serai encore plus bref sur certaines questions trop imparfaitement mûres, comme celle de la préparation d'une *essence de thé*, ou *thé soluble*. Cette dernière question, bien qu'elle ait déjà fait couler beaucoup d'encre, n'est pas encore resolue pratiquement d'une manière satisfaisante ; à vouloir l'exposer en détail, je risquerais d'abord de fatiguer inutilement le lecteur, et ensuite de leser des interêts scientifiques ou commerciaux que je tiens à respecter.

Je ne saurais, enfin, terminer cette introduction sans rendre hommage à l'obligeance de tous ceux qui ont bien voulu faciliter ma tâche.

Je dois, en premier lieu, remercier tout particulièrement M. J. Vilbouchevitch, pour l'amabilité avec laquelle il a mis à ma disposition, non seulement son érudition personnelle, mais encore les veritables montagnes de documents qu'il centralise. Les mêmes remerciements sont acquis à M. H. Lecomte pour l'obligeance qu'il a bien voulu me manifester au cours de mes travaux.

Je dois, d'autre part, renouveler l'assurance de ma gratitude à tous les aimables correspondants, généralement fort éloignés, qui ont bien voulu me renseigner de diverses manières sur le sujet que je traite. Je remercierai surtout M. H.-H. Mann, le distingué biologiste de l'*Indian Tea Association*, dont les travaux sont si utiles et si honorables pour l'Inde anglaise, M. A.-W. Nanninga, de la célèbre station de Buitenzorg (Java), auteur de travaux sur le thé qui sont véritablement colossaux, M. Ch. Judge, industriel et publiciste à Calcutta, inventeur d'un remarquable procédé de préparation du thé vert, et enfin M. Guigon, importateur français.

C'est surtout à ces Messieurs, et encore à plusieurs autres (je ne puis les nommer tous ici), que je suis redevable d'une foule de renseignements ou documents, souvent précieux, parfois même rarissimes ou tout à fait inédits, dont la possession me permet d'espérer que mon travail sera assez complet, au moins en vue d'une première étude, dans chacune de ses parties.

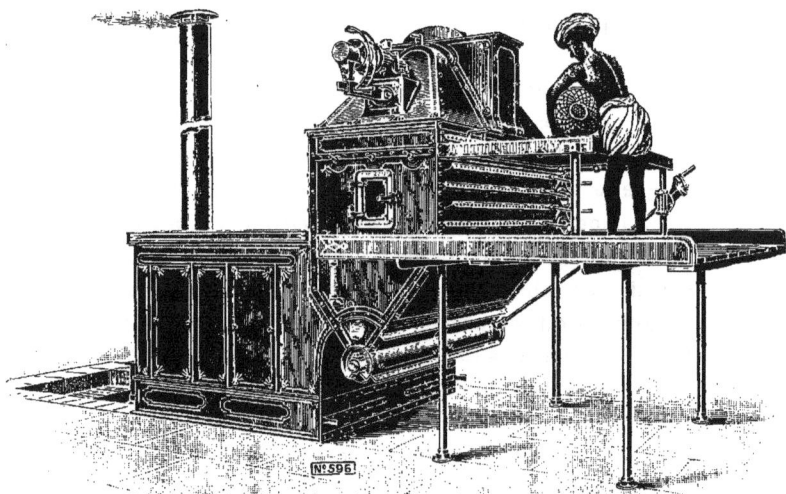

MACHINE A DESSICATION ET A TORRÉFACTION FINALE « VENETIAN » (modèle de 72 pouces)

CHAPITRE I

LA FEUILLE DE THÉ

Il est à peine nécessaire de rappeler que l'on ne distingue, en général, qu'une seule espèce de théier.

LINNÉ avait cru pouvoir en établir deux : le *Thea viridis*, qui aurait donné le thé vert, et le *Thea bohea*, dont on aurait tiré tous les thés noirs. Cette distinction a cessé depuis longtemps d'être admise, et il est bien établi que les feuilles d'un même théier peuvent, d'après le traitement qu'elles subissent, se prêter à la préparation de toutes les variétés commerciales de thé.

On distingue donc le plus souvent, au point de vue cultural ou industriel, une seule espèce de théier, à laquelle on conserve le nom de *Thea viridis*, et que l'on divise en deux variétés principales : celle de Chine et celle d'Assam, qui peuvent se croiser entre elles pour engendrer des *hybrides*. Au point de vue botanique, les choses sont beaucoup moins simples. J. KOCHS, par exemple, distingue vingt-trois espèces de théiers, qu'il répartit en deux sous-genres : *Enthea* et *Camellia ;* il admet, en outre, plusieurs variétés et races culturales, telle serait l'*assamica* (théier d'Assam), qui constituerait la variété ε du *Thea chinensis* d'après PIERRE. KOCHS distingue deux grandes races culturales : celle d'Assam et celle de Chine, ce qui est conforme à la classification vulgaire ; la première engendrerait une variété et trois hybrides, et la seconde quatorze variétés.

La notion de cette subdivision à l'extrême, se retrouve d'ailleurs un peu dans la pratique. Les planteurs admettent l'existence d'un grand nombre de races, dites *jâts* aux Indes anglaises, et cette distinction de variétés ou de races leur est utile à établir. Telle de celles-ci réussit là ou une autre ne réussirait pas, et, en outre, elles présentent entre elles une différence notable de résistance vis-à-vis des parasites. D'après G. DELACROIX (1) les variétés qui se rapprochent le plus du théier de Chine sont les moins atteintes par ceux-ci, tandis que le théier d'Assam et les formes voisines sont beaucoup plus sensibles; les hybrides d'Assam et de Chine présentent une résistance moyenne.

Ces considérations mises à part, rappelons que le théier de Chine est le plus rustique, il convient aux climats relativement froids et aux sols ingrats. Sa hauteur reste toujours assez faible, son maximum paraissant être de 4 mètres. Ses feuilles sont d'un vert grisâtre et de petites dimensions (moins de 0 m. 06 de longueur). Malgré cette force de résistance, le théier de Chine tend à être abandonné en raison de son faible rendement.

Le théier d'Assam exige, au contraire, un climat assez chaud et un sol plus riche; il peut atteindre une hauteur de 12 mètres environ, et ses feuilles, d'un vert plus franc, peuvent avoir jusqu'à 0 m. 10 de longueur.

Le théier hybride type présente des qualités intermédiaires. Nous sommes assez peu documentés sur les variétés ou races locales cultivées en différents endroits.

Les feuilles des divers théiers sont alternes, c'est-à-dire insérées isolément sur la tige, et varient surtout d'après leurs dimensions, il est donc possible d'en donner une description générale; mais, au préalable, nous croyons devoir nous arrêter un instant sur cette question des dimensions de la feuille (2), qui est de la plus haute importance pour l'établissement des sortes commerciales de thé. Comme nous le verrons dans la suite, celles-ci sont généralement d'autant plus appréciées que leurs feuilles sont plus petites.

Il existe une grande diversité de dimensions dans les feuilles

1) *Journal d'Agriculture tropicale*, n° 9. 1902
2) *Id.*, n° 12, 1902.

des espèces, variétés ou races de théiers, mais cette diversité ne
saurait être, en elle-même, un obstacle à la préparation des thés.
La grandeur des feuilles adultes d'un théier déterminé ne se
retrouve pas forcément dans le thé manufacturé; celui-ci ne
s'obtient qu'avec des feuilles jeunes, par conséquent toujours
relativement petites, et les procédés perfectionnés de récolte et
de préparation, tels qu'ils sont employés dans l'Inde ou à Ceylan
par exemple, ont pour résultat de maintenir une certaine uniformité dans le produit définitif. C'est ainsi que diverses régions
de ces deux colonies anglaises cultivent des races caractérisées
par de très grandes feuilles, et préparent cependant des thés
très estimés, composés surtout de feuilles petites ou moyennes,
et d'un aspect très satisfaisant.

L'apparence d'un thé manufacturé dépend donc plutôt de la
fabrication que du choix de la variété cultivée.

ı. — STRUCTURE DE LA FEUILLE

Les feuilles de thé sont ovales, lancéolées ou elliptiques ; leur pétiole est court, demi-cylindrique ; leur pourtour, ou limbe, entier près de la base, est dentelé à partir d'une certaine hauteur égale au tiers ou au quart inférieur de la feuille. D'après G. Collin (1) qui a minutieusement étudié l'anatomie de cette feuille, les dentelures, tout au moins dans le thé de Chine, dessinent chacune une légère saillie arrondie en dehors du limbe, cette saillie est quelque peu épaissie, et, du milieu de l'espèce de petit coussinet qu'elle forme, sort une toute petite pointe noirâtre ou brune, qui se recourbe en dedans, et qu'on a comparée à une griffe de chat.

La feuille est divisée en deux parties égales par une nervure médiane ; des nervures secondaires forment avec celle-ci des angles de 45° environ, et, en se recourbant, s'anastomosent en arc l'une avec l'autre. De la partie convexe de chacun de ces arcs partent des nervures tertiaires qui se dirigent vers le bord de la feuille ; de son côté concave partent d'autres nervures du même ordre, qui s'anastomosent avec de fins rameaux issus de la nervure médiane pour former un réseau à mailles assez larges.

Ces indications sur la morphologie externe de la feuille étant données, il est nécessaire d'exposer au moins succinctement son anatomie, pour faire ensuite comprendre l'effet des manipulations qu'elle doit subir.

En principe, toute feuille est constituée par l'épanouissement

---

(1) L'etude de Collin a eté faite specialement pour permettre de différencier les feuilles de the authentiques de certains succédanés qu'on leur substitue parfois.

de certains éléments de la tige, ou de la branche ; ces éléments lui forment une charpente au sein de laquelle serpentent des vaisseaux qui la mettent en communication avec le reste de la plante. Cette charpente est formée par les nervures médianes, secondaires et tertiaires, dont je viens de parler. Les intervalles sont remplis d'un tissu hétérogène : le mésophylle, et le tout est revêtu d'un épiderme protecteur. Celui-ci est composé de cellules plates qui, surtout à la face inférieure, s'écartent les unes des autres à certains endroits pour ménager des orifices, ou stomates, donnant accès dans des cavités du mésophylle, et par lesquels s'effectuent les échanges gazeux entre la plante et l'atmosphère.

Les cellules du mésophylle renferment notamment de la chlorophylle, sur le rôle de laquelle je n'ai pas à m'étendre ici ; elles sont gorgées d'un liquide, ou sève, qui n'est autre que de l'eau renfermant en dissolution des substances variées. Des racines, la sève monte dans la tige, puis dans les feuilles, où elle se transforme sous l'influence des échanges gazeux dont je viens de parler, pour être, à ce nouvel état, reprise par des vaisseaux qui la répartiront dans toute la plante.

Pour être bref, disons que les diverses fonctions assumées par la feuille se divisent en transpiration, respiration et assimilation. L'air et la lumière sont nécessaires à l'accomplissement intégral de ces fonctions, nous aurons à tirer profit de ces notions dans diverses parties de notre travail, notamment lorsque nous étudierons les conditions du *flétrissage* et du *roulage* des feuilles de thé.

Si maintenant nous voulons étudier spécialement dans celles-ci les diverses parties constituantes générales que je viens d'énumérer, nous voyons tout d'abord que l'épiderme des feuilles de thé est le plus souvent glabre sur la face supérieure ; il est, au contraire, garni de poils à la face inférieure. Ces poils sont très nombreux sur certaines feuilles ; il paraît surtout en être ainsi sur les feuilles très jeunes, qui acquièrent, par ce fait, une apparence veloutée, blanchâtre ou jaunâtre suivant la couleur des poils, lesquels peuvent être blancs ou jaunes. C'est à cette apparence duvetée qu'est dû le nom de *pekoe* (du chinois *pak ho* : cheveux,

ou duvet, blancs), attribué à certaines sortes de thé. Quant
aux stomates, ils sont entourés chacun par trois cellules allon-
gées, plus petites que les cellules voisines.

Le mésophylle présente à sa partie supérieure une rangée de
cellules en palissade ; il est composé, dans sa partie inférieure,
par un tissu lâche, riche en chlorophylle et en cristaux d'oxalate
de chaux. Collin l'a trouvé dépourvu d'appareil secréteur « et
caractérisé très nettement par la présence d'une grande quantité de cellules scléreuses qui, semblables à des contreforts
(sclérites), s'étendent d'un épiderme à l'autre ; ces cellules souvent ramifiées ont des formes très variables et des parois fort
épaisses qui sont pourvues de protubérances coniques plus ou
moins fortes ».

Je ne m'étendrai pas davantage sur l'anatomie de la feuille de
thé, dont je viens de signaler les principales caractéristiques,
mais il est nécessaire de connaître, dès à présent, pour l'intelligence de ce qui suivra, la constitution chimique de cette
feuille.

Toutes les manipulations (1) qu'elle est appelée à subir ont
pour rôle de modifier diversement (thés noirs), ou, au contraire,
de fixer avec moins de modifications (thés verts) cette constitution. Il est donc indispensable de connaître celle-ci avant d'aborder
l'étude de la préparation industrielle du thé.

_____

(1) Disons dès à présent que ces manipulations consistent essentiellement en
flétrissage, roulage, fermentation et *dessiccation.*

2. — COMPOSITION DE LA FEUILLE DE THÉ

Les premiers chimistes qui aient étudié la composition du thé ont borné leurs recherches aux thés manufacturés. Ce n'est qu'assez récemment, que nous avons vus'effectuer des recherches sur la feuille à l'état frais ou à divers degrés de préparation, recherches qui, seules, pouvaient fixer sur l'effet exact des manipulations subies par le thé.

K. Bamber [1] (1) soumit des feuilles de thé fraiches et des feuilles préparées à des traitements comparatifs identiques. Il les épuisait successivement avec l'éther de pétrole, l'éther, l'alcool absolu, l'eau froide, et la solution sodique à 1 pour 100. Il divisait chacun des extraits obtenus avec ces dissolvants en deux parts : l'une était évaporée, de manière à fixer le poids d'extrait sec ; l'autre était soumise à une analyse quantitative.

D'après ces recherches, on voit qu'un même corps (tanin, caféine, etc.), se dissout à la fois dans plusieurs de ces agents de solution, et que ceux-ci n'exercent pas d'action véritablement élective sur chacun des constituants de la feuille, ce qui aurait permis de doser ceux-ci directement. Un tel résultat serait éminemment utile à obtenir, mais ne l'a pas encore été jusqu'ici.

Le tanin se trouve pour moitié dans l'extrait éthéré, pour un peu moins dans l'extrait alcoolique, et le reste se retrouve dans l'extrait aqueux. La caféine se retrouve à la fois dans l'extrait alcoolique (pour la plus grande partie) et dans l'extrait éthéré.

Van Romburgh et Lohmann appliquèrent également ce procédé d'extractions fractionnées à l'étude comparative des feuilles

---

(1) Les chiffres entre crochets ; correspondent à ceux qui suivent les noms d'auteurs dans l'index bibliographique placé à la fin du volume.

fraîches et des feuilles flétries. Leurs résultats sont consignés au chapitre du flétrissage.

C'est surtout à NANNINGA [1] que l'on doit les recherches les plus étendues sur ce sujet. D'après ce distingué savant, la feuille jeune, au moment où on la cueille pour la fabrication, contient généralement de 75 à 82 pour 100 d'eau. Cette teneur est assez variable; elle est plus grande (80 à 85 pour 100) dans les feuilles les plus jeunes (feuilles terminales), qui fourniront le *pekoe*, puis elle tombe à 74-78 pour 100 dans la troisième feuille, et atteint seulement 70 pour 100 dans la quatrième. La plus grande partie de l'eau contenue dans la feuille peut être éloignée par la chaleur, mais il en reste toujours une petite quantité (2 pour 100) très difficile à éloigner. Des feuilles ainsi desséchées abandonnent environ 60 pour 100 de leur poids lorsqu'on les traite à plusieurs reprises par l'eau bouillante; les 40 parties insolubles restantes sont constituées par des albuminoïdes (20 à 25 pour 100 suivant l'âge des feuilles) et des matières cellulosiques (10 à 12 pour 100 environ); le reste est composé d'amidon, de chlorophylle, de résine, de cire, de sels et d'autres matières à peu près inconnues.

Ce sont surtout les éléments solubles dans l'eau qui intéressent la technologie du thé, puisque celui-ci est invariablement consommé après infusion dans l'eau bouillante, ou tout au moins très chaude. Dans les 60 pour 100 d'éléments solubles, le tanin tient une place prépondérante (20 à 25 pour 100). La théine ou caféine (1), également soluble dans l'eau, se trouve à la dose de 2 à 4 pour 100 dans la plupart des thés ordinaires, mais ceux de l'Annam peuvent en contenir beaucoup plus (jusqu'à 5.04 pour 100 dans le thé préparé). Un glucoside spécial se retrouve, au moins en grande partie, dans l'infusion; nous étudierons en détail, cet intéressant composé (p. 43). Il existe encore dans le thé quelques autres matières solubles; nous les passerons rapidement en revue par la suite.

---

(1) Ces deux expressions sont équivalentes ; elles désignent le même alcaloïde qui existe à la fois dans le café et le thé. Il est utile de savoir que cet alcaloïde est notablement plus abondant dans celui-ci que dans celui-là.

Il est bon de faire remarquer que certains éléments, bien qu'insolubles dans l'eau, rigoureusement parlant, n'en sont pas moins entraînés dans l'infusion et contribuent, comme l'huile essentielle notamment, à lui donner l'*arome* et le *corps* qui comptent parmi ses principales qualités.

L'huile essentielle, très aromatique, contenue dans les feuilles de thé, contribue, *pour la plus large part*, à donner au thé préparé sa valeur marchande ; celle-ci est, en effet, liée surtout à l'arome, les qualités excitantes de la théine n'intervenant que comme un élément d'évaluation tout à fait exceptionnel (1) ; il convient, d'ailleurs, de faire remarquer que l'huile essentielle doit renforcer, en raison de ses propriétés, l'action excitante de l'alcaloïde.

Parmi les divers autres éléments constitutifs qui se retrouvent dans la feuille de thé, l'un, la *légumine* (2), mérite une mention toute particulière. Nous l'étudierons dans la suite, avec quelque détail.

En résumé, les composants les plus importants (solubles ou insolubles), sont ici : le tanin, la théine, l'huile essentielle, un

---

(1) C'est une grave erreur que de croire qu'il y a une proportionnalité directe entre la richesse d'un thé en théine et sa valeur commerciale. Les exemples du contraire sont même assez nombreux. A Java, pour ne citer que cette source, les théeries qui realisent les prix les plus élevés accusent les dosages de théine les moins forts.

Cette considération est riche de conséquences pratiques. Lorsqu'un thé a une teneur élevee en théine, plutôt que d'esperer simplement en obtenir un prix superieur en raison de cette particularité, il serait peut-être préferable de songer à lui ouvrir un debouché, au moins partiel, dans le sens de l'extraction industrielle de la theine. *Et, a ce point de vue, nous ne saurions trop attirer l'attention sur la nécessité d'un dégrèvement douanier en faveur des thés destinés à cette extraction. L'Annam produit des thés qui paraissent être les plus riches du monde en théine ; ils pourraient alimenter cette industrie dans la métropole, qui tire actuellement sa théine de l'étranger ; mais, pour cela, ces thés devraient, dans l'état actuel des choses, payer au préalable des droits d'entrée équivalents a ceux des thés de consommation. Un dégrèvement des thés d'Annam destinés a la préparation de la théine suffirait a pourvoir cette colonie d'un débouché spécial assez important, et a favoriser l'établissement, dans la métropole, d'une industrie nouvelle.*

(2) On appelle ainsi une matière albuminoïde très voisine de la caséine, ou partie nutritive essentielle du lait.

2

glucoside et une matière albuminoïde (légumine). Il en est un autre dont je n'ai pas encore eu l'occasion de parler : c'est l'enzyme oxydante spéciale à la feuille de thé : la *théase*, dont le rôle, comme nous le verrons plus loin, est absolument capital dans les phénomènes de fermentation que doit subir la feuille.

J'étudierai successivement chacun de ces composants, qu'il importe, je le répète, de bien connaître pour comprendre l'effet de chacune des manipulations subies par la feuille de thé au cours de sa préparation industrielle.

3. — TANIN

La nature exacte de la matière tanique des feuilles de thé a été longuement controversée.

Il existe plusieurs tanins ou acides taniques; on réunit sous ce nom des principes immédiats très répandus chez les végétaux, principalement dans les écorces et les feuilles. Le plus connu des tanins est celui de l'écorce de chêne; ceux des divers autres végétaux ne lui sont pas toujours identiques, mais ils s'en rapprochent par la propriété de coaguler les matières albuminoïdes en s'unissant à elles; c'est ainsi qu'ils forment avec la peau des composés insolubles, fait sur lequel est basé la fabrication du cuir et que l'on peut mettre à profit pour séparer des autres composants le tanin contenu dans la feuille de thé.

Le ou les tanins précipitent un grand nombre de dissolutions salines. Avec certains sels de métaux lourds (plomb, cuivre, etc.), de même qu'avec les alcaloïdes, ils engendrent des précipités insolubles. C'est ainsi que la théine, de même que la plupart des autres alcalis végétaux, est précipitée par une solution de tanin, lors même qu'elle n'est présente qu'en très petite quantité, tandis qu'aucun autre réactif, d'après PÉLIGOT, ne la précipite de ses dissolutions.

Ajoutons encore, comme données générales sur les tanins, qu'ils s'oxydent facilement, qu'ils ont une réaction faiblement acide, sont en général solubles dans l'eau, et que leur saveur est *astringente;* ce dernier fait est particulièrement important en ce qui concerne notre sujet.

Enfin les tanins naturels renferment fréquemment des glucosides; ce fait n'est probablement pas étranger à la divergence

des opinions émises sur le tanin du thé. La plupart des auteurs
le considèrent comme étant le tanin ordinaire ou acide digallique,
celui-là même qui se trouve dans l'écorce de chêne; cette opinion
prévaut jusqu'à présent.

NANNINGA prépare ce corps de la manière suivante : pour être
sûr de toujours opérer dans les mêmes conditions, et ceci
s'applique à toutes ses expériences, il réduit en poudre des
feuilles de thé fraîches, rapidement desséchées sur la chaux,
puis incorpore à cette poudre une quantité d'eau telle qu'elle en
contienne environ 20 pour 100. Il traite par le chloroforme dans
l'extracteur SOXHLET, jusqu'à ce que le dissolvant passe incolore,
ce qui demande une à deux heures. Il éloigne ainsi toute la
caféine, la graisse, la résine, et la presque totalité de la chlorophylle. La poudre de feuille ainsi traitée est alors étendue en
couche mince, pour favoriser l'évaporation du chloroforme, puis
elle est replacée dans l'extracteur, et traitée avec de l'éther
acétique exempt d'acide.

Au bout de deux heures, la totalité du tanin est extraite ; ce
corps se présente avec une couleur jaune légèrement verdâtre,
par suite de la présence de chlorophylle. L'éther acétique est
alors évaporé, et le résidu est lavé à l'eau froide, puis au chloro
forme, ce qui éloigne le reste de chlorophylle, la résine, etc.

On nettoie alors de nouveau avec de l'éther acétique exempt
d'acide, qui dissout, en même temps que le tanin, d'autres produits tels que le quercitrin (1). On réitère ce traitement jusqu'à
ce que la faible coloration du liquide mette en évidence l'éloignement du quercitrin et autres produits colorés. Finalement, on
arrive ainsi à obtenir une petite quantité de tanin que NANNINGA
considère comme chimiquement pur. La meilleure preuve, dit-il,
qu'il en est bien ainsi, c'est qu'après évaporation de l'éther acétique on observe une masse de sphéro-cristaux exempts d'impu-
retés, et qui atteignent jusqu'à 0 m. 01 de longueur.

Quand on traite par le chloroforme bien privé d'eau la

_____

(1) Principe végétal qui donne leur couleur jaune aux eaux-de-vie conservées
dans des fûts de bois.

dissolution de ce tanin dans l'éther acétique, le tanin se précipite sous forme de flocons blancs. En filtrant très rapidement ce précipité, puis en le portant dans un exsiccateur, on acquiert un tanin pulvérulent, d'un blanc de neige.

Telle paraît être la meilleure manière d'obtenir le tanin contenu dans la feuille de thé. Voici, d'après NANNINGA, les propriétés de ce tanin:

Il est insoluble dans le chloroforme, l'éther de pétrole, la benzine; il se dissout très peu dans l'éther exempt d'eau (1), mieux dans l'éther aqueux, assez facilement dans l'eau froide, et encore plus à chaud. L'acétone, l'alcool, l'éther acétique, l'acide acétique, le dissolvent facilement. Il est très hygroscopique, et ses cristaux secs, exposés à l'air, se transforment en un sirop jaune-brun par l'absorption de l'humidité atmosphérique.

Sa solution aqueuse, alcalinisée, subit une oxydation et devient rapidement brune; si on l'abandonne à elle même, cette solution devient à peu près noire. La chaux et la baryte déterminent dans la solution aqueuse l'apparition d'un précipité blanc qui tourne immédiatement au vert, puis au bleu, et finalement au brun, toujours par oxydation. L'agitation hâte encore cet effet.

Le sulfate de cuivre donne, avec cette même solution, un précipité bleu floconneux qui se forme facilement à chaud; exposé à l'air, ce précipité subit rapidement une transformation qui rend sa couleur brune. L'acétate de plomb donne un précipité blanc ou gris clair, parfois, cependant, très coloré, et qui paraît s'oxyder rapidement à l'air. Le chlorure de fer donne un précipité abondant, coloré en bleu intense; si l'on ajoute une grande quantité de ce réactif, qui, dilué dans l'eau, est jaune, la couleur du précipité devient verte (par suite de l'union du bleu du précipité avec le jaune du chlorure étendu).

D'une manière générale, ces précipités sont solubles dans

_____

(1) On sait que dans la préparation classique du tanin des noix de galle, par extraction avec l'éther ordinaire, c'est en réalité l'eau contenue dans cet éther, et non celui-ci même, qui dissout le tanin. D'une manière générale, les dissolvants que l'on veut faire agir sur la feuille de thé doivent être aqueux, et ceci pour le tanin aussi bien que pour la théine.

l'acide chlorhydrique et dans l'acide acétique employé en quantité.

Le permanganate de potasse, en présence d'acide sulfurique étendu, provoque l'apparition d'un précipité jaune, avec un fort dégagement d'acide carbonique. Un excès de permanganate accentue ce dégagement, et le précipité prend alors une couleur plus foncée ; il devient, finalement, presque noir, tandis que la solution se décolore et finit par ne plus contenir de tanin.

Ce réactif (permanganate de potasse) n'a qu'une valeur toute relative au point de vue du dosage direct du tanin contenu dans la feuille de thé, cette feuille renfermant d'autres matières oxydables par le permanganate. Au contraire, lorsqu'on a obtenu un tanin bien pur, il fournit une liqueur de titrage qui, d'après NANNINGA, mérite toute recommandation ; dans de telles conditions, cet auteur a trouvé que 3 gr. 07 de permanganate pur sont nécessaires pour l'oxydation totale d'un gramme de tanin du thé.

De même que tous les tanins, celui-ci provoque, dans une solution de gélatine, l'apparition d'un précipité qui, après agitation, se dépose en une masse jaunâtre, élastique.

NANNINGA a encore déterminé le pouvoir rotatoire de ce tanin. La solution aqueuse faisant très fortement dévier à gauche le plan de polarisation de la lumière, et cette propriété paraissant être constante, cet auteur pense qu'il y aurait peut être là un excellent moyen de détermination quantitative du tanin dans le thé noir, le thé vert, ou dans les feuilles fraîches.

Pour ce faire, il importe tout d'abord d'obtenir leur tanin total en solution, et à un état de pureté tel qu'il n'y ait pas à craindre un faussement des observations polarimétriques.

Pour la feuille fraîche comme pour le thé vert, NANNINGA s'arrête à la méthode suivante : 10 grammes de matière première (1) sont additionnés de 15 pour 100 d'eau, puis traités par le chloroforme dans l'extracteur de SOXHLET. De cette manière, la théine, la résine et la plus grande partie de la chlorophylle sont

(1) Lorsqu'il s'agit de feuilles fraîches, celles-ci doivent être desséchées sur la chaux et pulvérisées, comme il a été indiqué p. 20.

éliminées. La poudre, ainsi traitée, est étalée à l'air, comme il a
été dit précédemment (p. 20) pour favoriser l'évaporation du
chloroforme, puis remise dans l'extracteur et traitée pendant
deux heures par l'acétone. La totalité du tanin est alors passée
dans l'extrait. Celui-ci est évaporé soigneusement, en tenant
compte de ce fait qu'un excès de chaleur pourrait le décomposer ; puis il est repris par l'eau, agité et filtré après adjonction
d'un peu d'acide sulfurique, et l'on obtient ainsi une solution
quelque peu colorée en vert. Le résidu est agité encore une fois
avec du chloroforme; la solution n'est plus, cette fois, que légèrement colorée en jaune. Le résidu est étendu à 200 cc. et
observé au polarimètre.

NANNINGA considère ce procédé comme réalisant une extraction
complète du tanin contenu dans le thé vert ou dans la feuille
fraîche. L'éther acétique épuiserait moins bien le tanin que
l'acétone ; celle-ci a une action plus rapide, et cette rapidité
diminue de beaucoup les chances de décomposition du tanin.
L'alcool ne semble pas à recommander ; il dissoudrait le glucoside de la feuille et engendrerait ainsi des erreurs.

Cette méthode, appliquée au thé noir, fournit une solution
brune qui n'est pas polarisable, tout au moins avec le polarimètre LAURENT (NANNINGA). On peut, il est vrai, décolorer cette
solution en la traitant par l'acétate de plomb et l'hydrogène
sulfuré, ou par l'acétate de plomb et l'acide sulfurique, mais
ceci entraîne la perte d'une quantité variable de tanin. Il semble
donc que la question du dosage complet du tanin, contenu dans
les thés noirs, reste encore à trancher d'une manière définitive.

Le tanin du thé passe en grande partie dans l'infusion, telle
qu'on la prépare d'après les procédés usuels, et y détermine une
astringence qui joue un rôle considérable dans l'évaluation des
qualités de cette boisson. Après l'arome, c'est assurément cette
astringence qui constitue le principal élément d'appréciation.
Comme nous le verrons dans la suite, la fermentation du thé
transforme une partie de ce tanin, et c'est même là l'un de ses
effets principaux, sinon même le principal de tous. Nous aurons
à insister assez longuement sur ce sujet.

Schulte im Hofe, qui a étudié cette transformation du tanin au cours des phénomènes fermentatifs, en a dosé les quantités respectives contenues dans les diverses parties utilisables du théier.

Son procédé de dosage, qu'il est bon de rappeler puisqu'il diffère entièrement de celui de Nanninga et pourrait fournir des résultats différents, consiste à épuiser d'abord par l'eau bouillante 5 grammes de matière première (feuilles ou thé manufacturé); à cet effet, il verse 400 cc³ d'eau bouillante sur 5 grammes de matière et maintient la température de l'eau pendant une demi-heure, tout en remuant fréquemment. Il verse l'infusion dans un ballon de 500 cc³, lave les feuilles avec un peu d'eau qu'il reverse dans ce ballon, puis remplit celui-ci jusqu'à 500 cc³, et, après refroidissement, il filtre cette infusion. 50 cc³ du produit filtré sont alors mélangés avec 500 cc³ d'eau, 5 cc³ d'acide sulfurique, et 10 cc³ d'une solution titrée de carmin d'indigo. Schulte im Hofe dose alors le tanin contenu dans ce liquide au moyen du permanganate à 5 pour 1000.

En procédant de cette manière, il a trouvé les quantités suivantes de tanin (il dit, d'une manière plus générale, de *matières astringentes*) dans les diverses parties utilisables de la plante :

Bourgeon et première feuille ensemble. .   12 pour 100
— et trois premières feuilles . . .   10   —
Seconde feuille . . . .   8 1/2 —
Troisième feuille   8   — •
Quatrième et cinquième feuilles   5   —
Vieilles feuilles . . . .   3 1/2 —

Ces chiffres (1), ajoute Schulte, montrent que le volume d'astringent est en rapport avec la qualité des diverses sortes de thé. On sait, en effet, que ce sont les plus jeunes feuilles qui fournissent les meilleurs thés, tandis qu'au delà de la quatrième ou de la cinquième, les feuilles sont inutilisables. En réalité, le tanin n'intervient pas seul dans la détermination de cette qualité; c'est là ce que nous aurons l'occasion de vérifier dans la suite.

(1) Ils paraissent trop faibles (voir le dosage indiqué page 16).

4. — THÉINE

Au point de vue hygiénique, et surtout thérapeutique, ce composant est le plus important de tous ceux que contient le thé. C'est un alcaloïde puissant, dont l'effet peut être à rechercher ou à redouter selon les cas et selon les personnes. Plus encore que pour le café, cette notion doit être prise ici en sérieuse considération, car la teneur du thé en alcaloïde est le plus souvent de beaucoup supérieure à celle du café ; son action sur l'organisme est par suite plus violente.

Cette substance a été découverte dans le café, en 1820, par RUNGE (caféine), puis retrouvée dans le thé, en 1827, par OUDRY, qui lui donna le nom de théine. Elle fut encore retrouvée dans le *Paullinia sorbilis*, en 1840, par MARTIN, et, la même année, dans le thé du Paraguay (*Ilex paraguayensis*), par STEINHOUSE. Elle paraît exister encore ailleurs, et les plantes qui en contiennent sont toujours plus ou moins employées à la façon du thé dans leur pays d'origine.

La formule chimique de cet alcaloïde a été ainsi fixée :

$$C^8 H^{10} Az^4 O^2 + H^2 O.$$

Ajoutons que STRECKER a réussi à l'obtenir par synthèse en chauffant à 100° la théobromine argentique avec l'iodure d'éthyle (1). Jusqu'ici, cette préparation par synthèse est demeurée une simple expérience de laboratoire, et il ne paraît pas à craindre pour la caféine, comme pour d'autres produits (indigo, vanille, etc.) que cette préparation artificielle ne fasse, d'ici un certain temps tout au moins, une concurrence efficace à la production naturelle.

(1) Voir aussi sur ce sujet : E. FISCHER, *Liebigs Annalen*, t. 215, p. 253, 1882.

JOBST et MULDER ont démontré, en 1898, que la caféine du café et la théine du thé sont un seul et même corps et ne diffèrent que par leur provenance; cette identité a parfois été contestée. Ces deux alcaloïdes sont, en tous cas, tellement voisins, qu'ils peuvent se confondre pratiquement l'un avec l'autre; c'est là ce que tout le monde fait actuellement et nous considérerons ici la théine comme identique à la caféine.

Cet alcaloïde cristallise en belles aiguilles brillantes, légères; vues en masses, elles ont un aspect feutré. Ces aiguilles sont du type hexagonal. Elles retiennent une molécule d'eau lorsque leur cristallisation s'est faite en présence de ce liquide, dans lequel la théine est soluble; 93 parties d'eau en dissolvent une partie à 12° C., et beaucoup plus à chaud. Chauffée au delà de 150° C., la théine perd cette eau de cristallisation.

L'alcool et l'éther la dissolvent également et la laissent cristalliser à l'état anhydre. Elle se dissout dans 25 parties d'alcool ordinaire à 20° C., dans 300 parties d'éther à 12°, et dans 8 parties de chloroforme à 15°. Les acides la dissolvent en formant des sels généralement peu stables. Elle ne paraît pas jouer, comme la plupart des alcaloïdes végétaux, le rôle d'une base énergique.

Lorsqu'on en dissout dans l'eau chaude une quantité assez élevée, elle se prend en gelée par refroidissement. Ce procédé a été employé par CAZENEUVE pour la recueillir, dans certaines circonstances, à l'état de pureté.   .

La théine est un excitant du système nerveux. A dose élevée, elle plonge l'organisme dans un état de *délire caféique* comparé par HERRING au *délirium tremens*. A dose plus faible, elle rend le sujet inquiet, agité, mais ses idées sont plus vives. Le système musculaire est fortement excité par la caféine. Sur le système circulatoire, elle produit d'abord un ralentissement du cœur, puis augmente l'énergie de ses battements et accroît la pression artérielle. Elle accélère la respiration. Du côté du tube digestif, on peut observer une irritation des fibres musculaires lisses qui peut se traduire par de la diarrhée et des vomissements. Pour certains auteurs, elle élève la température; pour d'autres, elle la diminue.

L'action de la théine sur la nutrition générale reste malheureusement fort obscure. D'après les uns, elle serait un agent de désassimilation; d'après les autres, elle la diminuerait au contraire; pour d'autres enfin, elle serait sans influence sur celle-ci.

La théine est voisine de la *xanthine*, combinaison azotée cristallisable que l'on retrouve en petite quantité comme composant normal de tous les tissus du corps; c'est une triméthyl-xanthine, que l'on peut préparer artificiellement en partant de cette dernière. (FISCHER). Malgré cette affinité, il ne semble pas que la théine puisse jouer un rôle véritablement alimentaire; il est même probable que c'est au contraire un agent de désassimilation. C'est, en tout cas, un bon diurétique.

Tous ces effets de la théine sont produits, avec moins d'intensité, par les infusions de thé ou de café. Ceux-ci se comportent, suivant une expression admise, comme des aliments d'épargne. Cette question des aliments d'épargne prête à de faciles controverses dans l'exposé desquelles je n'ai pas à entrer ici. Utiles pour les uns, nuisibles pour les autres, ces aliments sont, quoi qu'il en soit, d'un usage général et constant. Je me bornerai à dire, avec BUNGE, que le thé ou le café sont des aliments d'épargne bien plus inoffensifs que l'alcool. Leur action, loin d'être paralysante, stimule au contraire tout effort physique ou intellectuel; enfin, avec ces boissons, le danger d'intempérance n'existe pour ainsi dire pas.

Localisation de la théine dans la plante — D'une manière générale, les alcaloïdes végétaux sont localisés : 1° dans les tissus très actifs (tissus végétatifs, embryons); 2° le long des faisceaux fibrovasculaires (surtout près de la région libérienne et dans cette région même) ; 3° dans l'épiderme, la couche corticale, les coques des fruits, etc., et généralement dans tous les tissus externes de protection ; 4° dans des organes sécrétoires spéciaux.

En ce qui concerne spécialement la localisation de la théine, des recherches ont été faites depuis assez longtemps par Van ROMBURGH et LOHMANN, mais ces recherches ne paraissent pas avoir été connues des auteurs qui se sont récemment occupés de ce sujet. Les réactions microchimiques ne donnent pas, dans l'étude de cette localisation, d'aussi bons résultats que dans la plupart des cas semblables. C'est plutôt le dosage chimique direct qui doit être employé.

Les recherches de Van ROMBURGH et LOHMANN ont donné les résultats suivants :

FEUILLES DE THÉ D'ASSAM

Première et deuxième feuille.	3,4	pour 100
Cinquième et sixième feuille	1,5	—
Tige entre la cinquième et la sixième feuille.	0,5	—
Poids des jeunes feuilles	2,25	—
Fleurs.	0,8	—
Ecorce du fruit vert	0,6	—

Les graines n'en contiendraient pas.

Il est bon de citer, à titre comparatif, les résultats obtenus par ces mêmes auteurs, et avec les mêmes procédés (ce qui est tout particulièrement important), sur les cafés de Libéria et Java.

CAFÉ LIBÉRIA

Ecorce	traces de théine, ou pas du tout.
Fleurs (sans la corolle) .	0,3 pour 100.
Jeunes branches . . . . {	feuilles, 0,9 pour 100.
	tiges, 1,1 —
Ecorce des fruits verts. .	traces, ou même rien.
Graines non mûres . . .	1,2 pour 100.
Ecorce des fruits rouges .	traces, ou rien.
— grains mûrs .	1,3 pour 100.
Vieux fruits.	traces, ou rien.

CAFÉ JAVA

Feuilles assez vieilles	1,1 pour 100.	
Tiges jeunes.	0,6	—
Vieilles tiges encore vertes	0,2	—

V. SUZUKI, de Tokio, s'est attaché à l'étude de la localisation de la théine, en cherchant surtout à lui trouver le réactif microchimique que CLAUTRIAU avait cherché en vain.

En plongeant des coupes microscopiques de feuilles de thé, pendant deux jours, dans une solution de tanin à 3 ou 4 pour 100, il observa dans les cellules épidermiques un précipité volumineux, consistant en sortes de petits globules; les autres tissus de la feuille ne manifestaient qu'un léger trouble. Suzuki considère ce précipité comme formé d'un tanate de théine (nous avons vu plus haut que le tanin précipite certains alcaloïdes pour former ainsi des composés insolubles), en s'appuyant sur ce fait qu'il peut être dissous rapidement par l'ammoniaque diluée. S'il s'agissait non de tanate de théine, mais de protéosomes, ceux-ci ne seraient pas attaqués par l'ammoniaque qui les solidifierait au contraire. La conclusion de Suzuki est que la théine des feuilles de thé est nettement localisée dans l'épiderme.

Le même auteur a également étudié la répartition de la théine dans les autres parties de la plante. Pour lui, comme pour Kellner, Van Romburgh et Lohmann, les grains ne contiennent pas de théine. Il étudia l'apparition de celle-ci en suivant le développement de la plante à l'obscurité et à la lumière, ce qui a une importance considérable au point de vue pratique, puisque dans certains endroits on a pris l'habitude d'ombrer les plantations de thé plus ou moins longtemps avec la récolte des feuilles.

Pour suivre le développement de la théine à l'obscurité, Suzuki trempait des graines dans l'eau, pendant plusieurs jours, puis les plaçait dans du sable de mer bien nettoyé, et soumettait le tout à l'obscurité pendant plusieurs mois; la température variait de 15 à 30° C. Quand les germes avaient atteint 0 m. 10 à 0 m. 15, une portion de ces jeunes plantes était analysée immédiatement et le reste ne l'était que dix-sept jours ensuite.

La première portion était munie de petites feuilles blanches, de 0 m. 03 à 0 m. 06 de diamètre, les tiges avaient de 0 m. 06 à 0 m. 10, et les racines de 0 m. 06 à 0 m. 12. La seconde, un peu plus développée, avait des tiges de 0 m. 13 à 0 m. 16, et des racines de 0 m. 06 à 0 m. 12. Dans chacune de ces portions, on trouvait une quantité de 0 gr. 046 de théine par centaine de germes. Le poids sec d'une centaine de germes sans cotylédons n'atteignait pas 10 grammes.

Pour étudier le développement de la théine à la lumière naturelle, Suzuki prenait de jeunes plantes d'une longueur moyenne
de tiges égale à 0 m. 10; chaque plante portait trois à quatre
feuilles ouvertes dont la plus grande avait 0 m. 03 de longueur
et 0 m. 025 de largeur. Pour 100 parties de matières sèches, on
observait 0 gr. 66 de théine dans les germes sans cotylédons,
et 0 gr. 05 dans ces cotylédons eux-mêmes

Dans une troisième expérience, Suzuki plaça les germes à
l'obscurité jusqu'à ce qu'ils atteignissent de 0 m. 10 à 0 m. 15,
puis les exposa à la lumière pendant quinze jours. Au bout de
ce temps, il observa les proportions suivantes de théine pour
100 parties de matière sèche :

	a)	b)
Germes entiers, sans cotylédons	0,73	0,646
Feuilles.	3,12	2,85
Tiges et racines.	0,31	0,25

En a), les jeunes plantes avaient été traitées avec une solution
à demi-saturée de sulfate de chaux, et en b) avec une solution à
0,2 pour 100 de nitrate de soude, puis avec la solution à demi-
saturée de sulfate de chaux.

Suzuki a fait enfin d'autres recherches sur des théiers entièrement développés. Ces intéressantes expériences peuvent se
résumer ainsi :

Le 17 avril, des théiers d'environ dix ans furent privés de
toutes leurs vieilles feuilles, les bourgeons seuls étant respectés.
Les jeunes feuilles issues de ces bourgeons, et développées à la
lumière naturelle, furent analysées le 16 mai. Il observa, pour
100 parties de matières sèches :

1° Dans l'écorce de la tige, 17 avril.	0,09 de théine.	
— — 16 mai .	0,17	—
2° Dans les bourgeons, 17 avril . .	2,89	—
3° Dans les vieilles feuilles	3,02	—
4° Dans les jeunes feuilles normale-		
ment développées	2,74	—

D'autre part, le 1er mai, des théiers du même âge que les précédents furent privés, comme ceux-ci, de toutes leurs vieilles feuilles ; quelques-unes des autres furent recouvertes et soumises ainsi à l'obscurité, tandis que les autres restaient dans leurs conditions normales.

Le 10 suivant, Suzuki observa, pour 100 parties de matières sèches :

2 gr. 40 de théine dans les feuilles laissées à la lumière.

3 gr. 91   —   —   soumises à l'obscurité.

Les bourgeons d'où sortaient ces feuilles contenaient, au 1er mai, 2 gr. 13 de théine.

Les conclusions à tirer de ces recherches sont : d'abord que l'addition de nitrate n'augmente pas la teneur en théine, et ensuite que les feuilles développées à l'obscurité contiennent nettement une plus forte proportion de théine. Cependant, dans ses conclusions finales, Suzuki admet que la lumière n'a pas d'influence directe sur la formation de cet alcaloïde.

Celui-ci parait s'accroître dans les vieilles feuilles par un processus d'inanition plutôt que par des phénomènes d'assimilation et de synthèse. La théine ne peut du reste servir, si ce n'est faiblement, comme source d'azote, pour l'élaboration de matières protéiques dans les plantes. Miyasch, de Tokio, l'a trouvée insuffisante pour l'alimentation azotée des champignons. Peut-être cependant, dans certains cas, la théine peut-elle servir comme source d'azote pour la plante.

Des observations de Kellner ont montré que de mai à juillet (Japon) la teneur en théine augmente dans la feuille de thé, tandis qu'elle diminue de juillet à novembre. Pendant cette dernière période, des produits variés émigrent vers les rameaux, les tiges et les racines. Or, comme les semences ne contiennent pas de théine, et que les tiges et racines n'en renferment que des traces, peut-être la théine disparue a-t-elle servi à la construction de protéides. Suzuki émet cette hypothèse que l'azote de la théine est peut-être libéré à l'état d'ammoniaque, avant de servir à la formation de matières protéiques.

Préparation de la théine. — Divers procédés ont été proposés pour l'extraction de l'alcaloïde du thé ; la plupart de ces procédés ont en vue le traitement du thé manufacturé et non celui des feuilles vertes ; ceci n'a pas une très grande importance.

MULDER traitait l'extrait aqueux de feuilles de thé par la magnésie calcinée ; il évaporait le liquide à siccité, et reprenait le résidu par l'éther ; celui-ci dissolvait la théine et l'abandonnait en s'évaporant.

STEINHOUSE décomposait l'infusion du thé par l'acétate de plomb employé en léger excès ; en filtrant à chaud, il séparait un précipité contenant notamment : le tanin, la matière colorante, et probablement aussi les matières albuminoïdes contenues dans la feuille en assez forte proportion. La liqueur filtrée était ensuite évaporée à siccité après avoir été mélangée à du sable. En chauffant dans un appareil approprié, on obtient ainsi la théine par sublimation, en profitant de la propriété qu'elle possède d'être volatile sans décomposition à 400° C. (1).

Cet auteur obtenait par ce procédé environ deux fois plus de théine que n'en donnait la méthode de MULDER ; celle-ci, d'après PÉLIGOT, provoque un dégagement d'ammoniaque ou de sels ammoniacaux aux dépens d'une certaine quantité de théine, qui se trouve décomposée, et laisse dans le produit épuisé par l'éther une nouvelle quantité de cette substance, l'éther ne mouillant pas bien toutes les parties du résidu.

PÉLIGOT a trouvé préférable de traiter d'abord par l'alcool le produit évaporé, puis ensuite de traiter par l'éther le résidu alcoolique desséché. Il obtint ainsi des quantités plus que doubles de celles obtenues par la méthode précédente. J'ai la certitude, ajoute-t-il, qu'elles sont encore trop faibles.

Des procédés encore plus parfaits ont été imaginés depuis.

La méthode de LEGRIP et PETIT, est des plus connues. Elle consiste à traiter le thé, réduit en poudre, par deux fois son poids d'eau bouillante ; après un égouttage prolongé, on épuise la

_____

(1) Les auteurs ne sont pas d'accord sur le point de sublimation de la théine. Elle paraît se sublimer déjà à 180° C.

poudre par le chloroforme, évapore cet extrait chloroformique reprend le résidu par l'eau, et, finalement, on décolore avec le noir animal avant de concentrer la solution pour en retirer la théine par cristallisation.

L'alcaloïde ainsi obtenu paraît impur ; en outre, il ne semble pas être extrait complètement.

La méthode de Loche consiste à traiter 10 grammes de thé par l'eau bouillante, à deux reprises, en lavant ensuite les feuilles jusqu'à ce que le liquide passe à l'état incolore. On filtre l'extrait, puis on additionne le liquide filtré de 15 grammes de magnésie, et on dessèche à siccité. Le résidu sec est alors pulvérisé, puis traité par le chloroforme bouillant. L'extrait chloroformique est évaporé, puis desséché à 105° C. Cette méthode paraît susceptible des mêmes reproches que la précédente.

Un autre procédé, qui rappelle celui de Mulder, est basé sur la précipitation d'une infusion de thé par le sous-acétate de plomb, après avoir ajouté un peu d'ammoniaque, on filtre, élimine l'excès de réactif par l'hydrogène sulfuré, filtre de nouveau, et évapore lentement au bain-marie. La théine se dépose à l'état cristallin, et les eaux-mères en renferment encore une certaine quantité, purifiable par cristallisation.

Il nous reste maintenant à examiner des méthodes plus précises et plus susceptibles d'applications diverses.

Cazeneuve et Caillol, versent sur le thé quatre fois son poids d'eau bouillante. Dès que les feuilles sont ramollies, ils leur ajoutent leur poids de chaux éteinte, mélangent le tout, et font sécher au bain-marie. Ce mélange est ensuite épuisé par le chloroforme, pendant trois heures, au moyen d'un appareil spécial que je ne puis décrire ici, et sur lequel on trouvera des détails dans le travail de Cazeneuve et Caillol. Cet appareil, assez simple, peut s'établir en vue du traitement de quantités considérables de thé.

Après refroidissement, il est bon de filtrer soigneusement la solution chloroformique pour en éliminer les particules de chaux entraînées mécaniquement et qui peuvent fausser le dosage (A. Biétrix). On l'évapore ensuite au bain-marie, et le résidu est traité par l'eau bouillante qui dissout la théine. Cette solution est alors filtrée, et le résidu est encore lavé à l'eau bouillante qui achève d'en enlever l'alcaloïde.

La solution est concentrée au bain-marie, portée à l'étuve pendant une demi-heure environ en restant en deçà de 120°. Il faut continuer l'opération jusqu'à ce que deux pesées successives donnent les mêmes résultats.

La méthode de PAUL et COWNLEY est peut-être plus connue que la précédente. Elle est longue et délicate à conduire, mais donne des résultats assez précis.

Lorsque cette méthode est appliquée au *dosage* de la théine, il convient d'opérer sur 5 grammes de matière première. Ces 5 grammes de feuilles de thé sont d'abord pulvérisés, additionnés de chaux et mouillés avec de l'eau chaude, puis desséchés au bain-marie. Le résidu est épuisé par de l'alcool à 86°. L'extrait alcoolique ainsi obtenu est évaporé jusqu'à 50 cc. et additionné de quelques gouttes d'acide sulfurique dilué qui précipite les traces de chaux et décolore le liquide.

Cette solution est alors filtrée, puis agitée avec du chloroforme, qui dissout la théine. Pour que cette dissolution soit complète, il faut réitérer l'agitation plusieurs fois, avec des doses nouvelles de chloroforme, de manière à en employer 200 cc. en tout. Il est bon de s'assurer que la solution ne renferme plus de théine en évaporant les dernières quantités de chloroforme employées ; celles-ci ne doivent plus abandonner de théine sous l'action de cette évaporation.

Les diverses doses de chloroforme sont alors réunies et agitées avec une solution étendue de soude caustique, qui détruit le reste des matières colorantes encore présent avec la théine.

Il ne reste plus qu'à éliminer le chloroforme par distillation et à peser le résidu, composé de théine pure. Il faut de six à huit heures pour appliquer ce procédé.

Dans la suite, l'un des auteurs de cette méthode, PAUL, a été amené à substituer l'alcool au chloroforme, comme dissolvant de l'alcaloïde. Ce dernier agent reste cependant le plus usité et paraît mériter cette préférence.

Tout dernièrement enfin, M. ANDRÉ a proposé de libérer la
caféine du thé au moyen d'un lait de magnésie, puis de traiter
le mélange par l'alcool à 85°, qui remplacera ici le chloroforme.
L'extrait alcoolique est additionné d'une solution aqueuse d'acide
bromhydrique, qui s'unit à la théine.

Cette combinaison, traitée par le bromure de potassium
bromé donne un bromhydrate de tribomocaféine : $C^8 H^{10}$, Br^3
Ar^4O^2, HBr, duquel on libère la totalité du brome par la liqueur
de Pénot. Il ne reste, dès lors, qu'à peser directement la théine
restante.

C'est intentionnellement que j'ai gardé pour la fin de ce chapitre l'exposé des remarquables recherches, trop peu connues
chez nous, faites par Van ROMBURGH et LOHMANN sur l'extraction
de l'alcaloïde du thé. Ils ont opéré à la fois sur la feuille fraîche,
le thé vert et le thé noir.

La méthode de ces auteurs, comme certaines des précédentes,
réunit à la fois les avantages des procédés par précipitation et
des procédés par extraction directe.

Ils prennent 10 grammes de thé pulvérisé, les traitent, dans un
extracteur, par l'alcool et l'éther acétique jusqu'à ce que le
liquide s'écoule à l'état incolore. Les dissolvants sont alors
éloignés par un chauffage modéré, et le résidu est bouilli plusieurs fois avec de l'eau. 5 à 6 cc. de cette solution sont portés
dans un ballon, additionnés d'un peu d'acétate de plomb, et
étendus à 100 cc., on filtre, et prélève 50 cc. du liquide jaune
clair filtré, que l'on agite quatre fois avec du chloroforme pour
dissoudre la théine.

La solution chloroformique est filtrée, évaporée, et abandonne
ainsi la théine, que l'on pèse après un rapide séchage à 105° C.

L'ensemble de ces manipulations dure environ trois heures.
Elles donnent, d'après Van ROMBURGH et LOHMANN des résultats
très sensiblement équivalents à ceux que l'on obtient en prenant la précaution d'éliminer le plomb par un moyen approprié
(hydrogène sulfuré).

Ces mêmes auteurs ont ensuite proposé de faire bouillir le
résidu d'extraction avec 220 cc. d'eau, puis d'ajouter de l'acétate

basique de plomb, et d'étendre à 250 cc. Par agitation avec le chloroforme, comme dans le cas précédent, de 125 cc. de produit filtré, ils obtenaient 1,8 pour 100 de caféine contre 1,52 avec le premier procédé.

Ils ont encore essayé d'isoler la théine par distillation sèche du thé, mais ce procédé n'est pas satisfaisant. Une grande partie de la théine est ainsi obtenue, mais les autres produits de la distillation sèche la souillent d'une manière qui paraît, en pratique, irrémédiable.

Van ROMBURGH et LOHMANN ont recherché si la théine n'existerait pas dans les feuilles à l'état de composé glucosidiqué. Pour éclaircir ce point, ils traitaient le résidu de l'extrait alcoolique (obtenu comme ci-dessus) avec de l'acide sulfurique étendu (2 cc. d'acide pour 250 cc. d'eau) Cette addition avait pour but de décomposer le glucoside. Le liquide fut alors traité d'après la méthode ordinaire de ces mêmes auteurs, après éloignement de l'acide par le chlorure de baryum.

Ils trouvèrent ainsi 1,94 de théine dans des feuilles fraîches, teneur identique à celle du thé noir préparé avec les mêmes feuilles.

L'emploi d'acides étendus (chlorhydrique ou sulfurique) ne leur a pas paru augmenter sensiblement le rendement en théine.

Malgré l'identité des résultats obtenus avec les feuilles fraîches et le thé noir provenant des mêmes feuilles, Van ROMBURGH et LOHMANN n'en persistèrent pas moins à croire que la théine existe à l'état de composé dans la feuille, au moins en partie, et que la matière qui lui est unie dans la feuille fraîche, en est séparée dans le thé manufacturé. Ils cherchèrent à extraire cette matière du liquide de filtration obtenu, dans leurs recherches sur la teneur en théine, après addition de l'acétate de plomb. En ajoutant à ce liquide une nouvelle quantité de ce dernier sel, ils obtinrent un nouveau précipité, gris-jaune, qui fut décomposé par l'hydrogène sulfuré.

Le précipité plombique provoqué par l'hydrogène sulfuré fut éliminé par filtration ; puis le liquide fut traité par le chloroforme, pour en dissoudre la théine, et ensuite par l'éther acétique dans lequel se dissolvait une matière lévogyre. Celle-ci, après évaporation de l'éther acétique, se montrait à l'état d'un sirop jaune-rouge, que Van Romburgh et Lohmann ne purent faire cristalliser.

Par la suite, ils imaginèrent une méthode plus simple, dans laquelle les feuilles, après extraction par le chloroforme aqueux, sont traitées directement par l'éther acétique. Après évaporation du dissolvant, le résidu est repris par l'eau, et pour éloigner les restes de chlorophylle, additionné un peu d'acétate de plomb ; celui-ci fut ensuite éliminé par l'hydrogène sulfuré. Après filtration, le liquide fut mélangé à de l'éther acétique qui dissolvait la matière lévogyre ci-dessus mentionnée. Cette matière, obtenue ainsi, paraissait plus pure ; elle était de couleur « sherry » clair.

A cet état, elle rappelle un peu un tanin. Les membranes animales (peau) la précipitent de ses solutions ; avec le chlorure de fer elle donne une couleur bleu-violet, qui paraît noire en solutions concentrées. Sous l'action des alcalis ou de l'air, elle se colore en noir-brun intense. Elle se dissout facilement dans l'alcool, et, par traitement avec l'acide acétique pur, donne un composé insoluble dans l'eau, que ce liquide précipite de la solution acétique sous flocons blancs.

Van Romburgh et Lohmann observèrent alors l'action de ce corps sur la théine. Ces deux substances mises en présence l'une de l'autre, à l'état de solution, donnent à froid un précipité laiteux, disparaissant à chaud, et se dissolvant par addition d'une assez grande quantité d'eau ; mais, dans cette solution très étendue, une nouvelle addition de la substance tanique donne encore un précipité. Ceci expliquerait le déficit que l'on observe, au cours de l'extraction alcoolique, en employant seulement 100 cc. d'eau pour 10 grammes de feuilles de thé.

Une solution renfermant 1 gramme de cette matière fut mélangée par Van Romburgh et Lohmann à une autre solution renfermant 0 gr. 25 de théine. Il se fit un précipité. Ils ajoutèrent alors 2 cc. 1/2 de solution d'acétate basique de plomb, puis étendirent le liquide à 100 cc. Après filtration, le liquide fut agité

avec du chloroforme. On récupérait ainsi 72 pour 100 seulement
de la théine employée. Une certaine quantité de celle-ci s'était
donc probablement combinée au composé en question.

Dans une autre expérience, cette combinaison des deux corps
se fit encore plus largement. Van Romburgh et Lohmann mirent
2 grammes de cette matière avec 0 gr. 25 de théine, en solution
dans 90 cc. d'eau. Après adjonction de 5 cc. de solution d'acétate
basique de plomb, filtration, et agitation avec le chloroforme,
ils ne purent récupérer que 44 pour 100 de la théine employée.

Les quantités employées dans ce dernier exemple sont à peu
près celles qui existent dans 10 grammes de thé vert ou de
feuilles fraîches (Java). Ces recherches montrent à quel point
est difficile l'isolement total de la théine, et quelles peuvent
être les erreurs avec des procédés de dosages imparfaits.

Ce résultat mis à part, que peut être exactement cette matière
tanique, et quels sont ses rapports avec le tanin de la feuille de
thé et avec la théine ? C'est là une question à laquelle on ne peut
répondre. Il était utile, en tout cas, d'ouvrir ici cette parenthèse
qui intéresse directement l'extraction de la théine.

Il nous reste à aborder le côté industriel de cette extraction.
En principe, on cherche pour ce but spécial à employer des
procédés peu coûteux et assez simples, comme les premiers de
ceux que j'ai exposés, plutôt que des procédés permettant une
extraction plus complète, mais onéreux ou difficiles à conduire.
Ces derniers sont réservés aux dosages chimiques. J'exposerai
ici, comme répondant à ce but spécial, tout en permettant une
extraction totale (ou presque) de la théine, deux procédés proposés par Van Romburgh et Lohmann [5].

Le premier de ces procédés est basé sur la méthode suivante :
des déchets de fabrication du thé sont mis à bouillir avec de
l'eau ; le décocté, au lieu d'être traité par une assez grande quantité d'acétate de plomb, qui est très coûteux, est additionné
d'un peu d'acide sulfurique (de préférence aux autres acides),
puis neutralisé, ce qui permet de n'avoir recours qu'à une dose
très faible d'acétate. Il se forme un précipité abondant, que l'on
élimine, et la liqueur, une fois évaporée, abandonne un dépôt

de théine brute, impure. Ce dépôt est traité par le chloroforme, qui abandonne ensuite la théine, et celle-ci est encore lavée, décolorée au charbon, puis dissoute dans l'acide acétique faible, et finalement cristallisée.

Les proportions et conditions à suivre (empruntées à des expériences de laboratoire) sont les suivantes : un demi kilogramme de déchets de thé est mis à bouillir avec 3 litres d'eau pendant une demi-heure. Après filtration et lavage du résidu, le décocté est abandonné à lui-même pendant une semaine, puis décanté pour éliminer le dépôt formé dans ces conditions. Le liquide est additionné de 30 cc. d'acide sulfurique étendu de quatre parties d'eau, décanté de nouveau, porté à l'ébullition et additionné d'un lait de chaux jusqu'à réaction faiblement alcaline.

Le nouveau précipité est encore éliminé par décantation, et l'on ajoute au liquide 60 cc. d'une solution d'acétate de plomb, qui provoque l'apparition d'un dernier précipité. Chacun de ceux-ci a dû être lavé avec soin, et le produit de lavage réuni au liquide filtré. Le liquide définitif, obtenu après élimination du précipité plombique, est évaporé, et abandonne un dépôt de théine souillé par du sulfate de chaux, du dextrose, des sels organiques, du tanin, etc.

La théine en est extraite par le chloroforme ; après évaporation de celui-ci, elle est dissoute dans l'eau, ébouillantée en présence de charbon animal, puis, après évaporation de l'eau, redissoute dans l'acide acétique faible, puis cristallisée.

Pour une application industrielle de cette méthode, permettant de traiter 100 kilogrammes de déchets par jour, Van Romburgh et Lohmann proposent le matériel suivant :

1º Une chaudière de 4 à 5 hectolitres pour l'ébullition du thé ; 2º de grands filtres de toile ; 3º des bacs maçonnés comme réservoirs du décocté ; 4º une cuve de 4 hectolitres pour le traitement de celui-ci par l'acide ; 5º une cuve semblable, mais en fer, avec dispositif de chauffage, pour l'ébullition et la neutralisation ; 6º une autre cuve pour l'addition d'acétate de plomb ; 7º une ou plusieurs bassines d'évaporation ; 8º quelques réservoirs dans

lesquels on réunirait les précipités pour les laver ; 9º des presses
à filtrer pour le liquide provenant de ce lavage ; 10º un petit
extracteur et un appareil permettant de distiller le chloroforme
de manière à le récupérer ; 11º une chaudière pour la clarification
à chaud par le charbon ; 12º des bacs de cristallisation ; 13º une
chaudière à vapeur pour le chauffage de quelques-uns des appareils précédents.

Les inventeurs de ce procédé estiment à 8 ou 10 francs le prix
de revient du kilogramme de théine ainsi obtenu.

Ils ont également recherché la possibilité d'un emploi industriel direct de l'extraction chloroformique, ce qui simplifierait
considérablement les frais d'installation ; ils sont arrivés à ces
conclusions que ce second procédé est applicable à raison d'opérer
sur une matière première contenant de 20 à 25 pour 100 d'eau
(condition dans laquelle l'extraction se fait beaucoup mieux qu'à
sec), et de pouvoir regagner la presque totalité du chloroforme
employé. En appliquant ce procédé dans de bonnes conditions,
ils estiment que la perte peut ne pas être supérieure à 1 pour 100
et que les frais d'installation ne dépasseraient pas 2.500 a
4.000 francs environ, en Europe, et un cinquième de plus aux
Indes. Cette méthode permettrait, en outre, d'isoler l'huile
essentielle du thé, qui passe avec la théine dans l'extrait chloroformique et pourrait être distillée à part ; mais peut-être
vaudrait-il mieux, pour obtenir cette huile, distiller d'abord les
feuilles fraîchement *fermentées*, de manière à en recueillir
l'huile, puis les dessécher jusqu'à une teneur de 20 pour 100
d'eau et leur appliquer alors seulement l'extraction chloroformique. Cette huile essentielle serait peut-être susceptible d'être
employée pour rehausser l'arome du thé manufacturé.

Quoi qu'il en soit, ces méthodes nouvelles ne sauraient être
appliquées sans des essais préalables.

5. — HUILE ESSENTIELLE

Comme les autres huiles de cette nature, celle du thé peut s'extraire en distillant les feuilles en présence de l'eau. L'huile distille en même temps que ce liquide, mais, n'étant pas miscible avec lui, et ayant une densité moindre, elle forme, dans le récipient où se réunissent les vapeurs condensées, une couche nageant à la surface de l'eau distillée.

Cette huile est de couleur jaune-citron ; elle est épaisse, douée d'une odeur forte qui rappelle celle du thé, mais est plus forte, au point même d'en être étourdissante. On admet généralement qu'elle se solidifie facilement par refroidissement et que, exposée à l'air, elle se résinifie par suite de phénomènes d'oxydation. De semblables phénomènes, dus à un ferment soluble oxydant que nous étudierons plus loin, prennent place au cours de la préparation du thé noir.

L'huile essentielle contribue pour une large part, et même, selon toute apparence, pour la plus large part, à donner au thé l'arome qui constitue sa qualité primordiale. Elle est également douée d'une action physiologique qui se combine à celles de la théine, pour donner à l'infusion du thé les propriétés que l'on connaît.

Cette huile s'évaporant avec une certaine facilité, on s'explique que les thés anciens, conservés dans des récipients mal fermés, aient moins d'arome et moins de propriétés excitantes que les thés plus frais ou mieux conservés.

Tous les auteurs qui ont eu à traiter de l'huile essentielle du thé sont loin d'être d'accord. C'est ainsi que D. Crole, qui lui a donné le nom de *théol*, lui attribue des propriétés telles que Van Romburgh et Lohmann [3] nient qu'il ait eu affaire à la véritable huile essentielle du thé. D'après cet auteur, elle se résiniefierait facilement, ce qui est d'accord avec les idées généralement admises, mais d'après ceux-ci, même abandonnée dans une bouteille fréquemment ouverte et exposée à la lumière diffuse, cette huile resterait invariable.

Les recherches sur ce corps sont rendues très difficiles par ce fait qu'il faut disposer d'une quantité colossale de feuilles pour en préparer une très petite quantité. Van Romburgh et Lohmann rapportent qu'ils en ont eu entre les mains environ 130 cc., provenant de 2.500 kilogrammes de feuilles fraîchement fermentées (1).

Dans la distillation des feuilles de thé, il se dégagerait tout d'abord, d'après Van Romburgh et Lohmann, de l'alcool méthylique, et l'huile elle-même renfermerait du salicylate de méthyle. Ils en ont, du reste, isolé l'acide salicylique par traitement avec une solution étendue de potasse, évaporant, acidifiant, et agitant avec de l'éther. Ils ont trouvé, dans les 130 cc. d'huile dont ils disposaient, 1 gramme d'acide salicylique, ce qui correspond à 1 gr. 1 de salicylate de méthyle. Cette teneur en salicylate paraît être plus élevée dans les feuilles jeunes.

(1) Il convient de remarquer que ces feuilles étaient âgees.

6. — GLUCOSIDE

C'est à Nanninga [1] que nous emprunterons ce qui a trait à ce composant de la feuille de thé, qu'il a longuement étudié.

Quand on traite la poudre de feuilles fraîches, séchées, avec de l'alcool à 90°, on obtient un extrait brun clair qui se dépose en une masse sirupeuse. Chauffée avec une grande quantité d'alcool à 90°, cette masse se dissout, et, après refroidissement, il se forme un précipité floconneux, presque blanc, qui redevient ensuite sirupeux.

En faisant bouillir cette masse avec de l'éther acétique les traces de tanin s'éliminent, et l'on peut obtenir un résidu solide, soluble dans l'eau, où il finit par se déposer avec une couleur brun clair ; il se précipite, par l'acétone, l'acide acétique et l'alcool absolu.

Le corps ainsi préparé, bien que n'etant pas le tanin ci-dessus étudié, donne toujours une coloration bleue avec le perchlorure de fer ; il est donc vraisemblable que c'est un produit impur.

Nanninga l'obtient à l'etat de pureté de la manière suivante :

Des feuilles fraîches, desséchées et pulvérisées, sont additionnées de 15 pour 100 d'eau, puis traitées par l'acétone. Une fois l'extraction achevée, la poudre est étalée à l'air jusqu'à évaporation de l'acétone, puis traitée par l'alcool à 90°. L'extrait alcoolique obtenu est soumis à une évaporation succincte, puis additionné d'alcool absolu, dans lequel il ne tarde pas à se déposer un précipité blanc, floconneux. Ce précipité est dissous dans un peu d'eau, puis additionné d'alcool absolu qui le reprécipite, et ceci à plusieurs reprises. On acquiert ainsi, finalement, un corps

qui ne s'unit plus, comme les tanins, avec la gélatine, et peut
être considéré, d'après NANNINGA, comme exempt de tanin.

Ses principales propriétés sont les suivantes :

Il est insoluble dans le chloroforme, l'éther, la benzine, l'éther
acétique et l'acétone ; très peu soluble dans l'alcool absolu, plus
soluble dans l'alcool à 90°, à froid, et plus encore, à chaud, dans
l'alcool étendu. Il est très soluble dans l'eau et l'acide acétique,
concentré ou dilué.

La solution aqueuse fournit les réactions suivantes : avec le
chlorure de fer, elle donne un précipité bleu (est-ce par suite de
la présence de traces de tanin ?), et, avec l'acétate de plomb, un
précipité jaune, soluble dans l'éther acétique. Le permanganate
de potasse ne donne pas avec ce corps, en présence d'acide
sulfurique dilué, un précipité de phlobaphène (1) comme avec
un tanin, mais, à chaud, il est rapidement réduit ; 1 gramme de
ce corps est ainsi oxydé par 1 gr. 3 de permanganate.

En le faisant bouillir avec de l'acide sulfurique, puis neutra-
lisant, précipitant avec l'acétate de plomb, et filtrant, on obtient
un liquide qui réduit fortement la liqueur de FEHLING, caractère
distinctif de la présence d'un corps réducteur, probablement
d'un sucre : NANNINGA a ainsi obtenu de 15 à 20 pour 100 de
matière réductrice dans le corps en question, et il s'agit bien ici
d'un sucre, car en chauffant en présence de la phénylhydrazine
la matière réductrice provenant de l'action de l'acide sulfurique,
et mise en solution dans l'éther acétique, on forme un osazône,
jaune et insoluble, qui, examiné au microscope se montre formé
d'aiguilles cristallisées bien développées, et d'une couleur citrine
intense.

Après nettoyage et séchage de ces cristaux, leur point de
fusion fut trouvé égal à 190° (sans correction), ce qui montre
que le sucre réducteur est du dextrose (le point de fusion du
glycosazône étant considéré comme égal à 202°).

Le corps en question paraît donc être un glucoside.

_____

(1) Composé analogue à une résine, qui se produit par transformation du
tanin, et se trouve dans un grand nombre de plantes.

Par incinération, on en obtient une quantité considérable de cendres, qui consistent en carbonate de potasse. La teneur en potasse de ce glucoside a été fixée par NANNINGA à 8,9 de K^2O pour 100 parties de produit pur anhydre.

La méthode classique de KJELDAHL ne met pas d'azote en évidence dans ce corps. En solution aqueuse, après une ébullition suffisamment prolongée, il se décompose et se colore en brun ; après évaporation, on obtient un résidu insolub'e dans l'eau, soluble dans l'alcool et l'éther acétique aqueux. Après ébullition avec l'acide sulfurique, il se forme un résidu brun identique.

Abandonné à l'air sous forme pulvérulente, le glucoside ne tarde pas à se transformer en un liquide brunâtre, épais.

NANNINGA s'est basé, pour sa détermination quantitative dans les feuilles, sur sa forte teneur en potasse. Il en trouvait ainsi de 10 à 12 1/2 pour 100. Un extrait alcoolique de thé noir ne donnant que des traces de potasse soluble, il s'ensuit que, pendant la fabrication, le glucoside a été transformé à peu près entièrement.

Il semble donc que l'on ait affaire ici à une matière très intéressante au double point de vue de la physiologie du théier et de la fabrication du thé.

NANNINGA compare cette matière au myronate de potasse, qui lui est, en effet, très comparable comme composition, et qui, sous l'influence d'un ferment soluble : la myrosine, engendre notamment du sucre et une huile essentielle (essence de moutarde). On comprendra toute l'importance de ce rapprochement pour l'industrie du thé lorsque nous aurons fait l'étude de la théase (1), qui, peut-être, se comporte vis-à-vis du glucoside comme le fait la myrosine vis-à-vis du myronate de potasse, en mettant en liberté un composé aromatique.

Bien qu'ignorant alors l'existence de l'enzyme du thé, NANNINGA a obtenu, dans ce dernier sens, des résultats positifs.

Ayant traité 20 grammes de poudre de feuilles fraîches par l'alcool, puis par l'eau, et les ayant ensuite séchés, il les divisa

(1) Enzyme, ou ferment soluble, qui détermine la fermentation du thé (v. p. 50)

en deux parts : l'une fut additionnée de 60 cc. d'eau, l'autre de
60 cc. d'une solution aqueuse de glucoside pur. Puis il méla à
chacune de ces deux parts une petite quantité de feuilles fraîches
pulvérisées, et les versa dans de larges cristallisoirs couverts.

Au bout de quelques heures, le cristallisoir où se trouvait le
glucoside manifestait très nettement l'arome des feuilles fraîchement fermentées, tandis que l'autre restait inodore. En
chauffant quelque peu, la différence était encore plus manifeste.
Nanninga put ainsi conclure que, suivant certaine apparence,
l'arome du thé semblait provenir de l'action d'un ferment
présent dans la feuille sur le glucoside. Il paraît se former aussi
du sucre, car, d'après l'examen de quelques échantillons,
Nanninga croit avoir trouvé 0,1 à 0,2 pour 100 de sucre de plus
dans les feuilles manufacturées que dans les feuilles fraîches ;
il fait quelques réserves sur ce point. Ces recherches sont des
plus instructives ; on ne saurait cependant oublier que l'arome
est dû, au moins en grande partie, à l'huile essentielle, précédemment décrite, sur laquelle la théase doit agir également pour
former, peut-être, des composés contribuant eux aussi à renforcer cet arome.

Il semblerait que la forte proportion (10 pour 100) de glucoside des feuilles, qui disparaît pendant la fabrication, dût engendrer des quantités élevées de sucre et de cette essence aromatique particulière que l'enzyme met en liberté, mais nous
voyons que la quantité de sucre ainsi formée est très faible. Il
est possible que le glucoside ne soit qu'incomplètement décomposé sous ces formes, et qu'une partie en soit autrement transformée.

7. — ALBUMINE

C'est Péligot qui a, le premier, attiré l'attention sur l'importance des principes azotés, autre que la théine, contenus dans la feuille de thé. Leur détermination est du plus haut intérêt pour l'histoire chimique ou physiologique du thé.

Les recherches de Péligot ont surtout porté sur des thés manufacturés. Il y a trouvé une proportion d'azote « plus forte que celle qui existe dans aucun des végétaux », et qui est « plus que double de celle qui a été trouvée dans les feuilles les plus azotées ». Les quantités d'azote total, qu'il a obtenues dans différents thés, sont les suivantes :

Pekoe. . . . . 6,58 pour 100
Poudre à canon. . . . . 6,62 —
Souchong. . . . . 6,15 —
Assam . . . . 5,10 —

Comme le fait remarquer Péligot, ces quantités ont été trouvées non pas dans la feuille prise à son état naturel, mais après qu'elle ait perdu, pendant les manipulations, un suc assez abondant. Il est vraisemblable, ajoute-t-il, que ce suc n'est pas, ou est peu, azoté, et que son expression augmente la quantité relative d'azote qui reste dans la feuille. En opérant sur des feuilles fraiches provenant de théiers cultivés à Paris même, Péligot n'a trouvé que 4,37 d'azote pour 100 parties de feuilles sèches, « quantité encore plus considérable que celle qui a été trouvée dans aucune des feuilles analysées jusqu'à ce jour ».

PÉLIGOT détermina la quantité d'azote contenue dans un extrait aqueux de thé poudre à canon ; 20 grammes de ce thé donnaient 9 gr. 43 de résidu après évaporation de l'infusion, soit 51,2 pour 100 de produits solubles. Ce résidu contenait 4,35 pour 100 d'azote. La même expérience, faite sur le souchong, en donnait 4,70 pour 100. PÉLIGOT était porté à croire que ces quantités d'azote appartiennent tout entières à la théine contenue dans le résidu, « car le précipité formé dans l'infusion par le sous-acétate de plomb, qui consiste en une partie des produits solides qu'elle renferme elle-même, n'est pas azoté, et, dans les produits solubles qui y restent, je n'ai pas trouvé, dit-il, d'autre matière azotée que la théine ».

La feuille, épuisée par l'eau, doit donc contenir le complément de l'azote total de la feuille non infusée, et cet élément paraît s'y trouver à l'état d'un produit qui semble, d'après PÉLIGOT, identique à la caséine. MULDER avait du reste déjà constaté la présence d'une albumine dans la feuille de thé. PÉLIGOT estime que celle-ci, à l'état naturel, en contiendrait 15 pour 100 environ ; cette albumine lui paraît exister, dans les feuilles, en combinaison avec le tanin, ce qui rendrait compte de son insolubilité dans l'eau pure et de sa dissolubilité dans une eau faiblement alcaline.

NANNINGA [1] a préparé cette albumine en traitant les feuilles par une solution de potasse, puis en éloignant celle-ci par l'acide sulfurique en solution très étendue, et nettoyant le résidu avec de l'eau jusqu'à réaction neutre.

Cette albumine précipite très facilement le tanin de ses solutions, et cette propriété, directement constatée, est d'une certaine importance pour la fabrication : en effet, pendant le roulage des feuilles, une partie du tanin contenu dans le suc des cellules arrive au contact de l'albumine du protoplasma, s'y fixe, et ne peut plus se retrouver dans l'infusion de thé, non plus que l'albumine elle-même.

De ce qui précède, nous voyons que l'infusion de feuilles de thé, telle qu'elle se consomme, enlève à la feuille une partie de son azote : celle qui est contenue dans la théine, mais y laisse la plus intéressante au point de vue nutritif. Certaines peuplades asiatiques, qui consomment le thé sous forme de soupe, en faisant bouillir les feuilles avec de la graisse ou du sucre, puis en assaisonnant avec du girofle et du fenouil, ne font donc que suivre un usage assez rationnel, puisqu'elles mettent ainsi à profit les propriétés nutritives de la feuille de thé, propriétés perdues lorsqu'on fait une simple infusion de celle-ci.

8. — ENZYME DU THÉ (THEASE)

Nous sommes, avec la théase, en présence d'une substance qui régit toute la préparation industrielle des feuilles de thé. Sa découverte est toute récente.

K. Bamber [2] et Nanninga [1] paraissent avoir eu, à peu près simultanément, la notion de cette enzyme, mais ce fut le premier de ces deux auteurs qui donna les renseignements les plus détaillés à ce sujet, renseignements complétés ensuite par les recherches de divers autres techniciens, et notamment de H.-H. Mann. Presque à la même époque que Bamber et Nanninga, mais, postérieurement à eux cependant, K. Aso, de Tokio, fit connaitre de son côté le rôle d'une enzyme oxydante dans la fabrication du thé.

Dès 1893, K. Bamber [1], étudiant la fermentation des feuilles de thé, s'exprimait à peu près ainsi : « Toutes mes expériences tendent à montrer que les changements survenus dans la feuille, pendant ce que l'on appelle la fermentation, consistent en une oxydation, et le fait que ce changement peut s'effectuer en moins d'une heure après le brisement des cellules (effectué par le roulage) montre qu'il ne peut être dû à des micro-organismes vivants. »

N'étant pas imputable à des ferments figurés (micro-organismes), il pouvait, dès ce moment, être présumé que le processus de fermentation, ou d'oxydation, devait être dû à un ferment soluble du groupe des oxydases. C'est ce que K. Bamber confirma, en 1900, dans son *Rapport sur les terrains à thé de Ceylan*. « J'ai réussi tout récemment, dit-il (p. 90), après de nombreux essais, à isoler une petite proportion d'un ferment soluble oxydant, assez semblable aux oxydases récemment découvertes dans plusieurs plantes de divers ordres. Cette substance qui, évidemment, a un rôle considérable dans l'oxydation du thé, ne doit pas apparemment exister sous forme active dans la feuille verte fraîche, mais doit le devenir durant le séchage, si la feuille est brisée, ou durant le roulage, quand les acides organiques variés, et autres composés, sont mis en liberté par le bris des cellules. »

Cette découverte fut confirmée, en juin 1901, par Aso, qui, sans connaître les travaux de BAMBER, découvrit, dans les feuilles de thé, une oxydase au sujet de laquelle il émettait les conclusions suivantes :

I. — La couleur noire du thé commercial est produite par l'action d'une oxydase sur le tanin.

II. — La variété verte de thé commercial doit sa couleur à la destruction de l'oxydase pendant le premier stade de sa préparation.

III. — Par le stade final de sa préparation, le thé noir perd aussi son enzyme oxydante.

De nombreuses recherches ont été faites dans ces temps derniers, notamment par les chimistes anglais de l'Inde et de Ceylan (BAMBER, H.-H. MANN, C.-R. NEWTON) sur l'enzyme du thé, à laquelle NEWTON a donné le nom de *théase*.

Il n'est pas inutile, avant d'étudier celle-ci, de rappeler brièvement ce qu'est une oxydase.

Chacun sait que les enzymes, ou diastases, ou encore ferments solubles (par opposition aux ferments figurés ou microbes) sont des substances qui jouissent de la propriété de déterminer, sous un volume très faible, des transformations de matière considérables. Dans les plantes, ces enzymes ont pour effet naturel de provoquer certains changements chimiques nécessaires à la vie de la plante, telle est l'action de la diastase de l'orge germé, sur les propriétés de laquelle est basée la fabrication de la bière, et dont l'effet est de convertir l'amidon des grains en un sucre susceptible de servir au développement de la jeune plante.

Ces ferments solubles peuvent agir diversement ; on a cru, tout d'abord, qu'ils ne pouvaient produire que des phénomènes d'hydrolyse, mais on a découvert dans la suite des diastases de propriétés diverses : hydrogénantes (de Rey-Pailhade), ou oxydantes (Gab. Bertrand).

La première connue de ces *oxydases* fut la *laccase*, de Gab. Bertrand, qui se trouve dans le latex de l'arbre à laque *(Rhus succedanea)* et transforme par oxydation l'acide uruschique, contenu dans ce latex, en acide oxy-uruschique, substance noire qui constitue la laque des Orientaux. Le latex du *Rhus succedanea*, qui a la consistance d'une pâte épaisse, reste de couleur pâle tant qu'il est enfermé dans des boîtes bien closes, mais, dès qu'il est exposé à l'air, il s'épaissit et noircit sous l'action de la laccase; privé de son enzyme, il ne pourrait fixer l'oxygène et ne se transformerait pas en laque.

Notons encore, à titre de renseignement général important, que les enzymes sont toutes très sensibles à l'action de la chaleur, dont l'excès ou la privation totale peuvent avoir un effet destructeur ou paralysant; chaque enzyme possède un degré de chaleur optimum. L'exposition à une lumière très vive peut également entraver leur action; les oxydases exigent en outre, pour pouvoir agir, une large aération.

C'est donc un ferment de cette nature qui se trouve dans la feuille de thé; remarquons qu'il y existe encore une peroxydase et une catalase, sur lesquelles nous ne pouvons être que très bref, en raison de l'obscurité où l'on se trouve à leur égard. C'est à l'oxydase proprement dite que C.-R. Newton a donné le nom de théase, mais c'est cependant l'action globale des enzymes de la feuille de thé qui a été généralement envisagée dans les recherches auxquelles ce sujet a donné lieu. Ajoutons, enfin, que cette feuille renferme peut-être encore d'autres enzymes. La théase seule doit être prise ici en considération.

Il importe, tout d'abord, de savoir dans quels éléments anatomiques de la feuille se trouve cette diastase. C.-R. Newton l'a déterminé de la manière suivante : de petits fragments de feuilles et de tiges jeunes sont plongés pendant quelques jours dans une solution alcoolique d'acétate de cuivre. Des coupes microscopiques sont faites ensuite dans ces fragments et lavées pendant

une ou deux secondes avec une solution aqueuse très faible
d'acétate de fer ; portees sous le microscope, ces feuilles montrent
que, dans presque toutes les cellules, il y a eu précipitation du
tanin. Si l'on fait alors agir la teinture de gaïac (1) sur ces
coupes, en la faisant pénétrer sous le couvre-objet, on voit que
les cellules externes se colorent d'abord en bleu, puis que de
petits globules apparaissent dans d'autres parties de la feuille,
principalement dans les faisceaux fibro-vasculaires. Cette
recherche est assez délicate ; la section entière peut se colorer
en bleu intense, et s'obscurcir ainsi de manière à rendre toute
observation impossible.

Nous verrons, dans la suite, que la théase agissant principalement sur le tanin, elle ne saurait être, dans les cellules vivantes,
au contact *immédiat* de celui-ci (2). Pour l'extraction de cette
enzyme, il convient tout d'abord d'éloigner ce tanin ; la méthode
proposée dans ce but par MANN est la suivante :

10 grammes de feuilles fraîches, ou 6 gr. 6 de feuilles séchées,
sont réduits en une pulpe à laquelle on incorpore intimement
5 grammes de poudre de peau ; celle-ci, nous l'avons déjà vu,
fixe le tanin pour former avec lui une combinaison insoluble.
Le tanin est ainsi éliminé.

La masse est alors diluée dans l'eau, et, au bout de deux heures
de macération, on l'exprime à travers une étoffe. L'enzyme, qui
est soluble dans l'eau, se trouve dans le liquide d'expression ;
on l'en précipite par addition d'alcool, et elle se dépose sous

(1) Réactif general des diastases. La gomme gaïac, en dissolution dans l'alcool,
constitue la teinture de gaïac, qui, mise au contact de certains reactifs oxydants
(et autres), acquiert une belle couleur bleue. Elle est employée constamment
comme temoin de la présence des enzymes, mais il y a beaucoup d'autres corps
qui donnent, avec cette teinture, la même coloration bleue (reactifs oxydants en
general) ; Reynolds GREEN a etabli que diverses substances albuminoïdes donnent
egalement cette coloration bleue.

Malgre ces inconvénients, il semble que le temoignage de la teinture de gaïac
soit valable en ce qui concerne la détermination de l'enzyme du thé KELWAY
BAMBER et MANN sont d'accord sur ce sujet. Le tanin, l'acide gallique, la théine
et autres constituants du thé, ne donnent pas avec elle la coloration bleue.

(2) Il convient cependant de rappeler que G. BERTRAND, dans ses recherches
sur les premières oxydases connues, les a toujours trouvees à côte d'un tanin.

forme d'une masse visqueuse, qui est ensuite purifiée par redis-
solution dans l'eau et filtration. K. BAMBER et WRIGHT, recommandent d'employer une eau à 80° F. (27° C.).

L'enzyme obtenue de cette manière peut être desséchée à la
température ordinaire, et se présente alors sous forme d'une
poudre blanchâtre.

Pour connaître la quantité relative d'enzyme, MANN emploie
la teinture de gaïac. Le degré d'intensité de la coloration bleue
que celle-ci donne avec l'enzyme permet de mesurer, par comparaison avec une solution titrée, la quantité de ferment.

Il trouva que toute l'enzyme, ainsi extraite, n'était pas également active et pouvait être divisée en deux parts, dont l'une
donne la coloration bleue avec le gaïac seul, tandis que l'autre
ne donne cette même coloration qu'avec le gaïac et l'eau
oxygénée employés ensemble. La première est l'*enzyme active*,
et la totalité, y compris la seconde, est l'*enzyme totale*. Peut-
être, dit MANN, cette seconde partie peut-elle être considérée
comme un zymogène, ou préenzyme, sorte de stade primitif
sous lequel elle commencerait par exister avant d'acquérir les
propriétés qui en font l'enzyme définitive.

C'est là également l'opinion de K. BAMBER. Celui-ci fait
remarquer que certaines sections de feuilles ne donnent fréquemment la réaction bleue avec le gaïac qu'après avoir été
plusieurs fois mouillées et exposées à l'air. Ceci pourrait être
dû à ce que le zymogène est rapidement converti par oxydation
en enzyme active, au contact de l'air; l'eau oxygénée agit, en
pareil cas, comme l'air lui-même en provoquant une oxydation
de la préenzyme.

Signalons, dès à présent, l'importance pratique de ce fait.
Comme le font remarquer K. BAMBER et WRIGHT, les Chinois ont
parfois l'habitude de battre les feuilles de thé à la main, et de
les agiter, en les lançant même en l'air, à diverses reprises;
cette pratique, très favorable à l'oxydation de la préenzyme,
paraît avoir pour effet de provoquer une rapide transformation
de celle-ci en enzyme active. C'est ainsi que ces recherches,
purement théoriques en apparence, permettent de raisonner, et

par suite de mieux conduire, certains détails de fabrication sur
l'importance desquels les données empiriques ne renseignaient
qu'imparfaitement. L'histoire technologique du thé est pleine de
faits de ce genre.

K. BAMBER fait observer qu'en laissant agir la teinture de gaïac
sur une section de feuille observée sous le microscope, on voit
généralement tout d'abord les cellules de l'épiderme prendre
la coloration bleue ; parfois, les parties avoisinant les faisceaux
vasculaires du mésophylle se colorent également, mais c'est le
plus souvent l'épiderme qui manifeste la coloration la plus
intense. Le tissu en palissade (v. p. 14) est le plus souvent
réfractaire à cette coloration ; bien que cette partie de la feuille
joue un rôle important dans l'élaboration des matériaux nutri-
tifs, elle paraît dépourvue (ou très peu pourvue) d'enzyme
active (1).

Il importe que la teinture de gaïac soit bien mélangée avec le
contenu cellulaire pour que la coloration bleue puisse se produire. Des sections très minces permettent d'arriver à ce résultat
et donnent seules des faits certains. Quelques-unes de ces sections peuvent enfin refuser de prendre cette coloration, ce qui
est dû à ce que l'enzyme s'y trouve à l'état inactif, ou état de
zymogène.

MANN a étudié l'action de l'enzyme du thé sur diverses matières
facilement oxydables, comme l'hydroquinone et l'acide pyrogallique, qui fut rapidement coloré par oxydation sous l'action
de cette diastase. On conçoit facilement que, les cellules de la
feuille ayant été brisées par le roulage, et leur contenu se trouvant mélangé, l'enzyme puisse agir sur le tanin et l'huile essentielle pour les oxyder tout comme l'hydroquinone ou l'acide
pyrogallique, et provoquer ainsi des réactions qui modifient
entièrement la composition chimique de la feuille.

K. BAMBER et H. WRIGHT ont expérimenté directement l'action
de la théase sur une solution de tanin provenant des feuilles de

_____

(1) BAMBER pense pouvoir établir que le maximum d'enzyme est en rapport
avec une texture granuleuse définie du contenu des cellules ; mais il se réserve
de revenir sur ce sujet.

thé. Ils ont constaté un brunissement du liquide et la formation d'une petite quantité de sucre.

L'effet naturel de l'enzyme, au point de vue de la physiologie du théier, reste encore obscure, malgré tout ce que nous savons de ses propriétés. Peut-être agit-elle (d'après K. BAMBER et WRIGHT) sur les produits glucosiques ou les protéides de la feuille.

La théase est, comme les autres enzymes, très sensible à l'action de la chaleur. D'après MANN, elle est encore très active à 130° F. (54°5 C.), beaucoup plus faible à 149° F. (62° C.), et cesse probablement d'exercer aucune action au delà de cette température.

D'une manière générale, la lumière intense jouit d'une puissante influence destructive sur les enzymes ; c'est pourquoi on peut s'attendre à ce qu'il y ait plus de théase dans les feuilles cueillies le matin que dans celles qui ont été exposées au soleil pendant toute la journée et sont cueillies seulement le soir. Les planteurs ont constaté que les feuilles cueillies de très bonne heure fournissent le meilleur thé ; cependant, à six heures du matin, deux heures de l'après-midi, et même dix heures du soir, quelles que soient les conditions de sécheresse ou d'humidité, BAMBER et WRIGHT n'ont pas constaté de variation sensible dans la teneur en enzyme. Elle (ou son zymogène) est abondante à toutes les heures et dans toutes les conditions.

Elle agit le mieux en solution légèrement acide, mais si cette acidité dépasse une dose faible, surtout dans le cas des acides minéraux, la théase est rapidement détruite. C'est ainsi qu'une solution d'acide sulfurique à 0,4 pour 100 la détruit immédiatement ; avec 0,04 pour 100 il y a une simple cessation de l'action oxydante.

Les acides organiques, comme ceux qui se trouvent normalement dans la plante, ont une action beaucoup moins puissante. Une dose de 3 pour 100 d'acide acétique ne détruit l'enzyme qu'en deux heures.

Les alcalis se montrent généralement moins puissants que les acides, mais 3 pour 100 d'ammoniaque ou de potasse caustique sont suffisants pour détruire l'enzyme en quatre heures et demie.

Les propriétés générales de la théase étant ainsi établies, j'aborderai maintenant l'étude de sa répartition dans les diverses parties de la plante.

Un fait essentiel est la différence de teneur en enzyme de ces diverses parties. D'après Mann, les feuilles fraîches en contiennent une quantité qui décroît graduellement quand on s'éloigne de l'extrémité de la tige ou du rameau. En prenant comme unité la teneur des feuilles terminales non épanouies, il a trouvé, pour les autres feuilles et pour la tige, les quantités suivantes d'enzyme :

	ENZYME ACTIVE		ENZYME TOTALE	
	Feuilles fraîches	Feuilles sèches	Feuilles fraîches	Feuilles sèches
Feuilles non épanouies. .	1	1	1	1
Première feuille ouverte .	0,64	0,65	0,64	0,61
Deuxième — .	0,48	0,48	0,80 ?	0,80 ?
Tige.	1,13	1,64	0,95	1,39

Les recherches complémentaires de C.-R. Newton ont montré que la racine renferme une quantité beaucoup plus grande de théase que le reste de la plante; nous verrons plus loin tout le parti qu'il a proposé de tirer de cette découverte (v. *Fermentation*). Remarquons, en outre, que certains thés sont beaucoup plus riches que d'autres en enzyme.

Nous pouvons signaler, dès à présent, quelques-unes des importantes conclusions suggérées par les résultats de l'étude de la théase.

On sait que les feuilles les plus jeunes fournissent les thés les plus fins. Or, nous voyons que plus elles sont jeunes, plus elles contiennent d'enzyme. Il paraît donc y avoir une relation bien nette entre la quantité de celle-ci et la qualité du thé. Les tiges, il est vrai, bien que renfermant une très forte proportion de cette enzyme, ne donnent qu'un thé inférieur, mais ceci s'explique, si l'on considère que la tige est pauvre en matières oxydables, comme celles qui sont contenues dans les feuilles (en tanin notamment), et sur lesquelles doit agir l'enzyme pour favoriser le développement des qualités que l'on recherche dans l'infusion.

Les analyses de MANN donnent, à cet égard, les résultats suivants :

	TANIN		Acidité totale		Acide phosphorique	
	F. fraîches	F. sèches	F. fraîches	F. sèches	F. fraîches	F. sèches
Feuilles non ouvertes. .	1	1	1	1	1	1
Première feuille ouverte . .	1,03	1,03	0,91	0,91	0,88	0,88
Deuxième — . .	0,91	0,91	0,91	0,91	0,75	0,75
Tige.	0,59	0,86	0,47	0,70	0,55	0,79

Il paraît donc bien, d'après MANN, que là où une forte proportion d'enzyme est combinée avec une certaine acidité et une grande quantité de tanin, le thé fournisse un meilleur· produit.

D'autres recherches du même auteur ont encore approfondi l'étude de la relation existant entre la quantité de ferment et la qualité du produit. Il les poursuivit dans diverses plantations du district de Darjeeling (Inde), réputé pour l'extrême finesse de son thé.

L'une de ces plantations, A, produisait un thé de qualité moyenne, mais plutôt supérieure à la moyenne; une autre, B, avait produit, pendant plusieurs années, le meilleur thé de l'Inde entière; une troisième, C, donnait, pendant la saison où s'effectuaient ces recherches, la plus haute qualité de tout le district. Les conditions générales étant aussi égales que possible, si l'assertion relative à la relation existant entre l'enzyme et la qualité est vraie, la qualité des thés de ces trois plantations devait suivre les variations de la quantité d'enzyme.

Comparons d'abord, avec MANN, les plantations A et B; plusieurs sections sont à établir dans cette dernière : B n° 1 est planté en variété *Assam* jeune donnant un produit très fin; B n° 2 est planté d'un *Assam* donnant le thé le moins bon de toute la plantation, mais dont la qualité est encore au-dessus de la moyenne; B n° 3 est planté d'un thé de *Chine* donnant un produit excellemment parfumé. La plantation A, enfin, est composée d'une variété *Chine hybride*.

En prenant pour unité la quantité d'enzyme des feuilles de A, MANN trouvait :

	Enzyme active	Enzyme totale
A	1	1
B nᵒ 1	1,88	1,30
B nᵒ 2	1,17	1,32
B nᵒ 3	1,89	1,32

La quantité d'enzyme active paraissait être ainsi un bon terme de mesure pour la qualité du produit manufacturé.

Le même résultat fut obtenu en comparant A et C. Cette dernière plantation était à diviser en une portion : C nᵒ 1, représentant la plus haute qualité des buissons *Assam*, et une autre : C nᵒ 2, représentant parallèlement la meilleure qualité des buissons de *Chine*. Dans l'échantillon de C nᵒ 1, il paraissait y avoir, avec les feuilles, une quantité de tige un peu plus forte, mais A et C nᵒ 2 restaient absolument comparables. MANN obtint les résultats comparatifs suivants :

	Enzyme active	Enzyme totale
A	1	1
C nᵒ 1	2,17	2,18
C nᵒ 2	1,44	1,68

Ici encore, l'arome était en rapport avec la quantité d'enzyme de la feuille. On peut, ajoute MANN, en conclure que, toutes autres choses étant égales, l'arome du produit est en connexion avec la quantité d'oxydase présente dans la feuille qui a servi à le préparer.

D'après K. BAMBER, la distribution de l'enzyme pourrait être parfois en quelque sorte *erratique* ; elle pourrait être plus abondante dans la seconde feuille que dans la première. Cet auteur pose cependant, en principe, que l'oxydase est plus abondante dans les jeunes feuilles que dans les vieilles. Il dit, en outre, avoir reconnu qu'elle est également abondante dans les thés de contrées basses, faibles en arome et de qualité moyenne ou inférieure, et dans ceux des plus hautes régions de Ceylan, dont le thé est beaucoup plus fin. D'après lui, il y aurait très peu de différence dans la quantité d'enzyme produite quelques semaines ou quelques années après la taille, bien que ces circonstances influencent la qualité du thé. Les conditions de sécheresse ou de pluie n'affecteraient pas non plus cette quantité.

Enfin, ce même auteur doute de l'existence d'un rapport entre l'enzyme et l'arome. Il n'y a pas de doute, dit-il, que cette enzyme ne soit active, dans la plante, à toutes les altitudes; or, le fait que l'arome ne se développe bien qu'à partir d'une certaine élévation, tend à montrer que cette activité a peu affaire (si toutefois elle a affaire) avec celui-ci. D'autre part, ajoute-t-il encore, l'activité maxima des autres enzymes est associée à une température définie, fréquemment supérieure à celle qui prévaut dans les régions basses de Ceylan (plus chaudes que les régions élevées); on pourrait donc inférer que l'activité de l'enzyme doit être plus grande dans les régions basses et chaudes que dans les régions élevées, et ce sont cependant les régions basses qui fournissent le thé le moins bon.

Quoi qu'il en soit, les recherches de MANN paraissent assez précises et assez concluantes pour que l'on puisse admettre l'existence d'un rapport entre la quantité d'enzyme et la qualité du produit. La température n'est pas seule à influencer l'enzyme dans les plantations faites à diverses altitudes. La croissance de la plante, et, jusqu'à un certain point, sa structure et sa composition, sont influencées par ces variations de lieux. C'est ainsi que les théiers des régions élevées, soumis à une température relativement basse, ont une croissance plus lente, qui peut favoriser la mise en réserve des matériaux sur lesquels doit agir l'enzyme, et, par conséquent, rendre son action plus efficace.

K. BAMBER fait remarquer lui-même que dans les thés d'Assam il se développe un arome spécial (*autumn flavour*) dès que le temps devient moins chaud. Il a fait également remarquer que l'époque depuis laquelle a été faite la taille a une influence sur la structure des feuilles; c'est ainsi que de jeunes feuilles d'un buisson taillé depuis quatre semaines et celles d'un buisson taillé depuis quinze mois, manifestent des différences évidentes. Les dernières ont des parois cellulaires plus épaisses, à contours mieux définis; la chlorophylle y est plus nettement granuleuse. Les différences d'organisation peuvent assurément entrainer des différences dans l'action diastasique.

Nous devons enfin signaler, comme étant d'un très haut intérêt pratique, la relation étroite qui existe entre la quantité d'acide phosphorique et celle de l'oxydase. Mann [1] a démontré que la qualité du thé est matériellement influencée par la quantité d'acide phosphorique assimilable contenue dans le sol. Or, non seulement cet acide est présent en plus grande quantité dans les feuilles qui donnent le plus d'enzyme et produisent le meilleur thé, mais encore il se trouverait en plus grande abondance dans le sol des plantations dont les feuilles contiennent le plus d'oxydase et fournissent le meilleur produit.

Dans les exemples ci-dessus, le sol de la plantation A contenait 0,061 pour 100 d'acide phosphorique, et celui de C en contenait 0,124 pour 100.

L'acide phosphorique est donc, d'après les recherches de H.-H. Mann, en connexion avec la quantité d'oxydase contenue dans la feuille et avec la qualité du thé. Remarquons encore que le fer et la manganèse renforcent son action.

De tout ce qui précède, il semble indubitable que la théase ait un rôle prépondérant dans la détermination de la qualité du thé. Celle-ci étant en fonction de l'arome, on peut être fondé à croire que l'enzyme contribue, au moins pour une certaine part, à développer un parfum qui s'ajoute à celui de l'huile essentielle ; c'est là, du reste, ce que nous verrons en traitant de la fermentation, au sujet de laquelle nous devrons étudier de plus près l'action de la théase sur les divers composants de la feuille.

Des recherches toutes récentes : celles de G. Wahgel, attribuent le développement de l'arome du thé à la présence de variétés spéciales de bactéries. Cette idée d'une intervention des bactéries dans la préparation du thé n'est pas nouvelle, Kozai l'ayant depuis longtemps défendue. Il ne semble cependant pas qu'elle soit indispensable, ni même utile, puisqu'une fermentation aseptique, telle que Mann a proposé de la pratiquer (v. *Fermentation*), fournit d'excellents résultats tout en paraissant écarter la possibilité d'une intervention bactérienne.

9. — AUTRES COMPOSANTS DE LA FEUILLE DE THÉ

Le tanin, l'huile essentielle, la théine, le glucoside, l'albumine et la théase sont incontestablement les éléments principaux de la feuille de thé. D'autres matières y prennent encore place ; nous ne nous en occuperons que très brièvement.

Théophylline. — A. Kosel a signalé, en 1888, dans le thé, la présence d'une nouvelle base : la théophylline, dont la formule serait $C^7 H^8 Az^4 O^2$. Cette composition est la même que celles de la théobromine du cacao et de la paraxanthine retirée par Salomon et Thudichum des urines humaines normales. Ces trois substances isomères diffèrent par certains caractères.

C'est ainsi que les cristaux de la théophylline sont plus grands que ceux de la théobromine et plus solubles dans l'eau. Ils s'y dissolvent en toute proportion quand on ajoute un peu d'ammoniaque, et ceci à l'inverse de la théobromine qui reste très peu soluble dâns l'eau, même ammoniacale.

Celte base forme, avec les acides nitrique et chlorhydrique, des sels cristallisables.

Comme la théobromine, mêlée à l'eau de chlore, elle donne, après évaporation, un résidu écarlate qui passe au violet par addition d'ammoniaque ; mais, tandis que la théobromine se sublime à 290° C. sans fondre, et la paraxanthine à 280°, la théophylline fond à 264°, après s'être sublimée.

Kosel pense que cette base dérive de la xanthine, signalée par Baginsky dans le thé.

Sels. — La feuille de thé contient naturellement divers sels minéraux ou organiques, parmi lesquels il faut citer : le pectinate, l'oxalate et le phosphate de potasse (NANNINGA), qui se retrouvent dans l'extrait aqueux.

En évaporant avec précaution l'infusion d'un thé préalablement traité par l'alcool, on y observe l'apparition de grands cristaux d'oxalate de potasse. Ce sel ne paraît pas influencé par la fabrication. Son goût désagréable doit nuire à la saveur de l'infusion.

Le phosphate de potasse de la feuille contient, d'après NANNINGA, à peu près tout l'acide phosphorique présent dans celle-ci, car les cendres des extraits (chloroformique, alcoolique, éthéré) et du résidu insoluble, ne montrent que des traces d'acide phosphorique. Pas plus que l'oxalate, le phosphate de potasse ne paraît influencé par la fabrication.

Enfin, le pectinate de potasse, trouvé dans le thé par MULDER, se retrouve aussi dans l'infusion.

Hydrates de carbone. — Comme tous les éléments végétaux, la feuille de thé renferme de la cellulose. NANNINGA y a trouvé, d'après la méthode de WEENDER :

Dans la feuille fraîche (Assam). 11,4 à 11,6 pour 100 de cellulose ;
Et dans le thé préparé. . . . . 11,3 à 11,8   —   —

Il semble donc que la fabrication n'intéresse pas sensiblement cet élément. NANNINGA s'est d'ailleurs assuré par des expériences directes que le tanin du thé ne se fixe pas sur la cellulose comme il le fait sur l'albumine.

D'après BAMBER, le thé ordinaire contiendrait beaucoup plus de cellulose que ne l'indique NANNINGA (environ 20 pour 100) ; celui-ci n'a trouvé qu'un maximum de 16 pour 100 dans de vieilles feuilles devenues impropres à la préparation.

La feuille de thé renferme une faible proportion de sucre dextrogyre, qui, évalué en dextrose dans le thé préparé, équivaut à 0,2 ou 0,5 pour 100. Le saccharose ne paraît pas être présent ici.

NANNINGA a trouvé la même quantité de pentosanes (3,1 pour 100) dans le thé préparé et dans la feuille fraîche desséchée, en fixant cette quantité par la méthode de distillation avec l'acide chlorhydrique, et constatation du furfurol avec la phénylhydrazine.

Nous ne pouvons que passer sous silence d'autres produits encore contenus dans la feuille de thé. Celle-ci renferme des matières colorantes : tout d'abord de la chlorophylle, plus ou moins respectée dans le thé vert et transformée dans les thés noirs, du quercitrin (1) qui joue probablement un rôle assez important dans l'emploi, d'ailleurs de plus en plus restreint, que l'on fait du thé au point de vue tinctorial.

Ajoutons, enfin, que l'acide bohéique, signalé dans le thé, ne serait qu'un mélange d'acide gallique, d'acide oxalique, de tanin et de quercitrin.

---

(1) Matière colorante assez répandue dans la règne végétal, et qui, contenue dans le bois des tonneaux, donne à certains alcools (cognacs) leur coloration jaune. On sait qu'une fraude très usitée consiste à imiter cette coloration jaune des vieilles eaux-de-vie, en ajoutant simplement un peu de *thé* à un alcool d'industrie.

CHAPITRE II

PROCÉDÉS DES FACTORERIES EUROPÉENNES

I. — RÉCOLTE DES FEUILLES (1)

Cette récolte, ou cueillette, consiste à couper, dans des conditions spéciales, l'extrémité de chaque jeune pousse de théier, de manière à enlever le bourgeon terminal et les trois ou quatre premières feuilles.

Deux cas sont à considérer, suivant que la récolte suit de très près une taille, ou suivant qu'elle s'effectue dans les conditions les plus usuelles, que je décrirai plus loin.

Dans la première récolte qui suit la taille, on doit s'inspirer de la nécessité de maintenir sur un même plan l'extrémité des différentes branches du théier, de manière à faciliter les récoltes ultérieures. Il faut, pour cela, enlever un nombre de feuilles variable sur chaque rameau.

Dans les plantations anglaises de Ceylan, d'après F. Coulombier, les femmes chargées d'effectuer cette première récolte sont

---

(1) Je néglige à dessein tout ce qui a trait à la *taille* du théier, opération purement culturale, pour aborder directement le mode de récolte des feuilles. Celui-ci est nécessaire à connaître au point de vue technologique, car, outre le cas où la récolte peut être achetée sur pied, l'industriel doit pouvoir vérifier si les feuilles ont été cueillies dans les conditions requises pour lui permettre d'en préparer un produit satisfaisant.

5

munies d'un morceau de bois de 0 m. 12 centimètres de longueur à l'aide duquel elles déterminent un ensemble de points
situés à 0 m. 12 centimètres au-dessus de la surface tabulaire
établie par la taille. Tous les rameaux sont coupés dans ce plan,
sauf ceux de l'extérieur, dont le rôle est de maintenir la vigueur
du pied et de l'accroître en surface horizontale.

De chaque rameau enlevé au cours de cette opération, on
conserve l'extrémité supportant le bourgeon terminal et les
deux jeunes feuilles qui le suivent. Le reste est rejeté comme
impropre à la préparation du thé. Il importe, en effet, que les
feuilles soient jeunes et tendres ; vieilles et coriaces, elles ne
donneraient qu'un produit très inférieur. Nous en connaîtrons
mieux la raison par la suite, mais, d'après tout ce qui précède
nous l'entrevoyons déjà.

On s'inspire parfois de procédés plus rationnels, mais moins
expéditifs ; on fait alors en sorte qu'il reste quatre feuilles, ou
même cinq, sur chaque rameau, et l'on n'opère la cueillette que
sur ceux qui en comptent davantage ; puis, sur les rameaux
cueillis, on prélève l'extrémité comprenant le bourgeon terminal et les deux premières feuilles, le reste est rejeté.

Parfois encore, à Ceylan, on prend soin de déchirer la dernière feuille restant sur la branche ; ceci a pour but de prévenir
la croissance inutile de cette feuille, qui deviendrait trop dure
pour être utilisable, et de réserver le bourgeon axillaire qui
poussera à la base de son pétiole et engendrera un rameau de
plus.

Remarquons, dès à présent, que la base de chaque rameau
porte une feuille spéciale : la préfeuille (*fish-leaf* des Anglais),
qui paraît n'être employée en aucun cas à la préparation du thé.

Tout ce qui précède a trait à la première récolte qui suit la
taille. C'est là ce que les Anglais appellent le *taping*, ou formation de l'arbre ; cette opération participe à la fois de la taille et
de la récolte ; il en est encore de même pour les deux cueillettes
suivantes. Au cours de la seconde, on ne prend soin que de
laisser à chaque rameau sa préfeuille et la feuille qui suit celle-
ci. De chaque branche cueillie, on n'utilise généralement que le

bourgeon et les deux ou trois premières feuilles ; le reste est jeté. Les rameaux par trop jeunes pour être utilisés sont entièrement respectés.

On admet que le pied n'est complètement « formé » qu'après les trois premières cueillettes. Celles qui suivent s'effectuent d'après un procédé uniforme et constituent le *plucking* des planteurs anglais.

Ce procédé consiste à cueillir la portion terminale de chaque jeune rameau, portant le bourgeon terminal et les deux premières feuilles ; on pratique cette récolte lorsque les rameaux ont acquis trois feuilles au-dessus de la préfeuille, de telle sorte que celle-ci et celle qui la suit immédiatement soient respectées, et qu'un nouveau rameau puisse se développer.

Sur les rameaux stériles, c'est-à-dire sans bourgeon terminal, on cueille généralement la feuille de l'extrémité, qui est apte à être manipulée, et l'on jette le reste, en réservant toutefois, comme d'habitude, la préfeuille et celle qui la suit immédiatement.

Ajoutons enfin, pour compléter la description des opérations de récolte, que l'on enlève les graines et les fleurs qui pourraient se trouver sur les pieds producteurs de feuilles et se développer au détriment de celles-ci.

Sur les plantations des Européens, on considère généralement ces graines ou ces fleurs comme étant sans emploi. C'est peut-être là un tort. Les graines peuvent donner une huile, employée en Chine où elle sert aux usages alimentaires, et sur laquelle bien des auteurs ont attiré l'attention. La présence dans cette huile de 9,1 pour 100 de saponine (D. HOOPER) la rend assez peu propre aux emplois culinaires, mais augmente sa valeur au point de vue de la savonnerie ; cette huile fournit, en effet, un savon de tout premier ordre (1).

D'autre part, les fleurs de thé sont susceptibles des mêmes

---

(1) Pour plus de détails sur ce sujet, que je ne puis traiter ici tout au long sans sortir de mon cadre, on se reportera avantageusement au *Journal d'Agriculture tropicale*, 1901, n° 3, et 1902, n° 14.

utilisations que les feuilles. Préparées comme celles-ci, elles peuvent servir à faire des infusions très douces, d'un arome agréable, qui présentent cette particularité d'être à peu près exemptes de théine. La fleur de thé ne renferme que très peu d'alcaloïde, et cette propriété mérite d'être mise à profit dans les cas où l'on recherche l'arome du thé, tout en évitant l'action excitante de l'infusion préparée avec les feuilles. Cette fleur est l'objet d'un commerce assez important au Tonkin et a été récemment introduite en France (1).

Nous ne saurions, enfin, terminer ce qui a trait à la récolte des feuilles de thé sans mentionner le système ALLEYN (2) qui, d'après son inventeur, permettrait d'effectuer un travail plus complet et plus économique tout à la fois. Je n'ai pu savoir exactement en quoi consiste ce procédé, qui est breveté, et dont la description et le droit d'usage sont vendus à un très haut prix. Il serait basé sur des principes plus scientifiques que ne l'est le mode de récolte actuel. Nous ne voyons pas quels peuvent être ces principes ; les méthodes usuelles sont, en tout cas, consacrées par une longue expérience et par des considérations très rationnelles.

Nous venons de voir ce qu'est la feuille de thé, et les conditions dans lesquelles elle a été récoltée.

Son traitement dépend, dès à présent, de la catégorie de thé que l'on veut obtenir. Les thés se répartissent en deux grandes classes : les thés verts et les thés noirs. En principe, la préparation des premiers consiste essentiellement en une série de chauffages, dont l'initial doit suffire à prévenir, dans la feuille, toute transformation fermentative. Pour les thés noirs, il en va tout autrement : dès la récolte, les feuilles sont soumises à une série de manipulations délicates et compliquées, qui, comme on le verra par la suite, favorisent une fermentation ménagée ; celle-ci doit être arrêtée exactement au moment le

---

(1) Voir à ce sujet l'étude que j'ai publiée dans le *Journal d'Agriculture tropicale,* 1903, n° 25.

(2) *Alleyn's system of Plucking* (Ceylan).

plus opportun. C'est à cette fermentation que sont dus le changement de couleur de la feuille et les différences de toutes sortes qui séparent les thés noirs des thés verts.

Nous voyons donc, dès à présent, que les thés peuvent se repartir en *thés noirs* ou fermentés, de beaucoup les plus importants pour la consommation européenne, et *thés verts* ou non fermentés.

Nous commencerons par étudier successivement les manipulations du thé noir : *flétrissage, roulage, fermentation* et *dessication*.

2. — FLÉTRISSAGE

a) Conditions générales.

Cette opération, comme son nom l'indique, a pour but de *flétrir* la feuille. Celle-ci renferme de la sève, dont l'affluence détermine une turgescence des tissus; c'est cette turgescence qui donne à la feuille son aspect rigide et sa fermeté. Abandonnée à elle-même, cette feuille subit une évaporation, c'est-à-dire une perte de liquide, qui lui fait perdre sa turgescence. La feuille est alors *flétrie*, et se présente sous un état de flaccidité qui lui permettra de subir ensuite, sans être brisée, l'opération du *roulage.*

Les feuilles tendent naturellement à se flétrir dès qu'elles sont cueillies, aussi doivent-elles être apportées sans retard de la plantation à l'usine, pour que l'on puisse surveiller et régler leur flétrissage. A Java, où la récolte a généralement lieu le matin (ce qui paraît être toujours préférable), les feuilles sont apportées à l'usine vers midi, et soumises immédiatement au flétrissage, qui dure jusque dans le courant de la matinée suivante.

Une fois arrivées à la factorerie, elles subissent tout d'abord, en général, un triage préalable au cours duquel on enlève les matières étrangères et les feuilles trop coriaces qui se seraient trouvées incorporées à la récolte. Elles sont alors rapidement épandues en couches minces, abandonnées à elles-mêmes, et subissent ainsi un flétrissage spontané.

Cet épandage se pratique le plus souvent dans des greniers à

fletrir, parfois placés au-dessus des salles renfermant les machines nécessaires pour les autres manipulations, et dans lesquels on
peut alors amener de l'air chaud pour combattre, s'il y a lieu,
l'excès d'humidité. L'expérience a établi que ces greniers à
flétrir doivent être largement aérés et peu éclairés. Une bonne
circulation d'air est nécessaire, et, d'autre part, il paraît devoir
être admis que l'obscurité est favorable au flétrissage. Cette
dernière opinion est, il est vrai, encore très controversée, on
rencontre même quelques partisans du flétrissage au soleil;
mais il paraît avéré que le meilleur flétrissage soit celui de la
nuit. Nous aurons à revenir sur ce point (p. 91).

Par les temps humides surtout, le besoin d'une aération artificielle se fait vivement sentir dans les greniers où sont répandues
les feuilles, celles-ci tendant à fermenter prématurément ou
même à se corrompre. Lorsqu'on a recours aux ventilateurs, il
est préférable de leur faire amener de l'air provenant du dehors
plutôt que l'air chaud, humide, et parfois corrompu, qui provient des salles de machinerie. Quoi qu'il en soit, on comprend
facilement la nécessité d'une circulation d'air assez puissante
pour provoquer l'évaporation de l'humidité de la feuille, puisque
c'est la perte de cette humidité déterminant la turgescence, qui
amène la feuille à l'état recherché de flétrissement.

La meilleure température, pour le flétrissage, est de 20 à 24 ou
même 30° C.; cet optimum varie suivant les lieux et les moments,
et les fabricants de thé ne sont pas absolument d'accord sur ce
point. L'air se charge d'autant plus aisément de l'humidité de
la feuille qu'il est plus chaud et plus sec ; plus son degré hygrométrique est bas, plus le flétrissage sera rapide. Par un temps
humide, les trois cellules de garde qui entourent les stomates
de la feuille (v. p. 14), restent distendues par l'affluence de
liquide et ferment l'orifice du stomate, ce qui retarde encore
l'évaporation ; la feuille reste alors dure au toucher et très cassante. Dans ces conditions, elle se brise pendant l'opération du
roulage au lieu de s'enrouler.

Une récolte faite en temps de pluie renferme toujours une
proportion assez considérable d'eau extérieure, dont la quantité

vient s'ajouter à celle de l'eau de végétation. Cette quantité peut
atteindre, d'après K. BAMBER [2], 12 à 15 pour 100 du poids total.
En dehors de cette humidité étrangère à la feuille, celle-ci peut
contenir, par un temps humide, un excès d'eau intrinsèque
évalué par SANDERSON [2] à 6 1/2 pour 100.

Ce dernier auteur estime que les meilleurs résultats sont
obtenus lorsque les conditions générales sont telles que le flétrissage puisse être complet en dix-huit heures. Par un temps sec,
le flétrissage commence à s'effectuer spontanément dès la
récolte. Nous avons vu que par les temps humides il tarde au
contraire à se produire, et que, pour éviter les phénomènes
fermentatifs prématurés qui pourraient alors se produire, il
pouvait être bon d'avoir recours à une ventilation artificielle.

Lorsque le flétrissage est insuffisant, la feuille est impropre à
subir le roulage, par suite de sa trop grande turgescence. Elle
se brise au lieu de s'enrouler sur elle-même, et, par suite de la
présence de cet excès d'humidité, le roulage détermine l'expression d'une grande quantité de sève ; à la suite de cette circons-
tance, l'extrémité des feuilles se décolore, et le produit acquiert
une saveur trop astringente.

D'autre part, la feuille surflétrie subit facilement le roulage ;
ses extrémités acquièrent souvent une teinte dorée, et elle ne
donne que peu de sève. Mais cette feuille a généralement subi,
pendant son long flétrissage, un commencement de fermentation
dont l'effet s'ajoutera à celui de la fermentation normale, qui
doit s'effectuer seulement après le roulage. Il devient dès lors
difficile de connaître et de régler la marche de celle-ci.

Il faut encore tenir compte de ce fait que les diverses parties
constituantes de la récolte ne se flétrissent pas toutes également
pendant le même temps ; les feuilles les plus jeunes sont flétries
avant les plus vieilles. Le triage préalable, dont j'ai parlé plus
haut, permet d'atténuer cet inconvénient ; mais, en cas de doute,
il convient de laisser se surflétrir les portions les plus fines
plutôt que d'arrêter le flétrissage avant que les autres portions
ne soient suffisamment ramollies.

Ajoutons qu'il peut être utile et même recommandable, en

certains cas, d'exposer les feuilles au soleil pendant un temps variable, mais toujours assez court, après le flétrissage dans les greniers. Cette exposition paraît être de nature à parachever un flétrissage trop lent et incomplet.

D'après K. Bamber [2], lorsque la récolte a donné une quantité exceptionnelle de feuilles, il est rare d'obtenir un flétrissage parfait, et l'odeur suave, caractéristique de celui-ci, manque alors le plus souvent. Le meilleur flétrissage qu'il ait vu réaliser est celui de la plantation de Kandapolla (Ceylan), située à une altitude de 6.300 pieds, où l'arome est exceptionnellement bon et la consistance de la feuille parfaite. La température, au moment de ses observations sur le flétrissage, y était seulement de 66°2 F. (19° C.), tant dans les greniers à flétrir qu'en dehors, et la feuille présentait, dans ces conditions, un contact presque glacé. L'humidité relative de l'atmosphère était de 75° dans les greniers et de 62° à découvert. Cette forte proportion d'humidité à l'intérieur est due à l'évaporation subie par les feuilles ; elle était, dans le cas présent, considérablement plus basse que dans les autres factoreries, et Bamber considère ce fait comme l'un des éléments principaux d'un bon flétrissage.

Parfois, dans certaines plantations situées à de basses altitudes, où l'atmosphère est particulièrement humide, la feuille présente une disposition tout à fait inattendue à se dessécher plutôt qu'à se flétrir ; la cause en est encore inconnue, mais ceci tend à démontrer que le facteur humidité n'est pas le seul à intervenir. Bamber pense que ce fait peut être dû fréquemment, au moins en partie, à la constitution de la feuille elle-même plutôt qu'aux conditions atmosphériques ou à celles de l'installation. Un développement rapide dans une atmosphère surchauffée (ce qui est le cas réalisé aux basses altitudes de Ceylan), joint à l'état de pauvreté du sol vis-à-vis de quelques éléments constitutifs de la plante, tend à produire une feuille moins solide que celle dont le développement a eu lieu sous un climat plus froid et sur un sol plus riche.

En second lieu, la température élevée des basses altitudes peut provoquer une évaporation rapide, l'effet de cette

température etant alors supérieur à celui de l'humidité relative de l'atmosphère.

On conçoit facilement que l'emploi des engrais puisse tendre
à remédier à la première de ces causes; une régulation judicieuse du courant d'air dans les greniers de flétrissage peut
atténuer la seconde.

Certains systèmes expéditifs d'envoi des feuilles à la factorerie
(on construit même des machines qui répartissent mécaniquement les feuilles dans les diverses salles où elles doivent être
manipulées) sont excellents au point de vue de l'économie de
temps et de main-d'œuvre, mais ils peuvent avoir l'inconvénient
de briser les feuilles. Pour les thés de basse contrée, dont
l'arome et la qualité générale sont relativement inférieurs,
BAMBER pense que cet inconvénient est sans grande importance,
bien que les feuilles non meurtries subissent le flétrissage d'une
manière préférable et surtout plus uniforme ; mais, pour les thés
de contrées elevées, dont l'arome plus fin doit être soigneusement conservé, ce désavantage est nettement à év.ter. La sève
des feuilles meurtries ou même écrasées subit une fermentation
prématurée, et certains organismes putréfactifs se développent
rapidement dans ces conditions, envahissent les feuilles brisées,
et tendent à détruire l'arome.

Il faut donc veiller à ce que tous les soins soient pris pour que
les sacs ou caisses dans lesquels sont transportées les feuilles
ne soient jamais surchargés, de manière à provoquer un écrase-
ment de celles-ci. Il faut également combattre la tendance qu'ont
les récolteurs à cueillir d'un seul coup plus de feuilles qu'ils ne
peuvent en tenir dans leur main sans les presser.

Pour en finir avec cet exposé des conditions générales du
flétrissage, j'emprunterai au manuel de Geo. THORNTON-PETT les
quelques remarques suivantes :

« Lorsque 100 livres de feuilles se réduisent à 64 après le flétrissage, on dit que celui-ci est à 64 pour 100; c'est là un sous-flétrissage.

« A 58-60 pour 100, c'est un flétrissage léger.

« A 53-55   —   —   ordinaire.

« A 48-50   —   —   fort.

« C'est le flétrissage ordinaire qui donne les meilleurs résultats, tout au moins aux altitudes moyennes de Ceylan (2.500-4.200 pieds). Il permet un bon roulage, au cours duquel la feuille s'enroule régulièrement ; la sève de celle-ci est d'une couleur acajou foncé, et, si les processus ultérieurs sont bien conduits, le produit définitif est excellent. Le flétrissage fort peut donner de bons résultats à de plus hautes altitudes. »

b) Installation des Greniers à flétrir.

Les greniers doivent toujours être largement aérés, et, de préférence, orientés de telle sorte que les faces les plus longues soient exposées l'une à l'est, l'autre à l'ouest ; de cette manière, le soleil frappe moins directement les toits et l'on ne risque pas autant de voir se détériorer, par excès de chaleur, les feuilles les plus rapprochées de la toiture.

Ces greniers sont, le plus souvent, séparés en travées longitudinales, dont chacune porte, à droite et à gauche, des rangs superposés de toiles à flétrir ; nous verrons que ces toiles peuvent être avantageusement remplacées par d'autres matériaux. Généralement, il y a douze à seize de ces rangs superposés, adossés les uns aux autres sur deux files, et le grenier compte d'autant plus de ces files doubles que sa largeur est plus considérable. Entre celles-ci, sont ménagés des espaces vides, ou couloirs, suffisants pour permettre la libre circulation des ouvriers chargés de l'épandage des feuilles. Lorsque deux files de toiles à flétrir sont adossées l'une à l'autre, il est d'usage d'incliner un peu ces toiles, de manière à former un dos d'âne ; cette disposition facilite le travail d'épandage.

« Les toiles à flétrir sont, le plus souvent, en jute grossier, revenant à 0 fr. 20 environ le mètre. Leur largeur est de 1 m. 20, et leur longueur peut varier entre 4 et 7 mètres. Un espace de 0 m. 15 les sépare les unes des autres ; la toile inférieure étant à 0 m. 30 du sol, la supérieure peut ainsi se trouver à 2 m. 10, hauteur peut-être excessive, car les ouvriers l'atteignent difficilement. » (COULOMBIER.)

Les feuilles produites sur une superficie de plantation égale à un hectare (Ceylan) doivent être étendues, pour subir le flétrissage, sur un espace de 25 mètres carrés environ ; cette donnée, empruntée à COULOMBIER, ne saurait être que tout à fait approximative. Une mesure plus exacte est celle de la surface de toile nécessaire au flétrissage de 1 kilogramme de feuilles vertes ; cette surface doit être d'environ 1 mètre carré.

On commence l'épandage par la toile supérieure, puis on procède, en descendant, vers la toile inférieure. L'ouvrier chargé de ce travail lance les feuilles de la main droite, en soulevant de la main gauche la toile immédiatement supérieure. Les feuilles doivent être espacées le plus régulièrement possible; l'idéal serait qu'aucune d'entre elles ne soit recouverte par d'autres, mais cette condition est pratiquement irréalisable. Le flétrissage s'opère de lui-même, sans qu'il y ait à remuer les feuilles; on reconnait qu'il est terminé à ce que celles-ci peuvent se plier sans que leurs nervures ne se brisent; pressées dans la main, elles doivent former une masse assez homogène, dans laquelle chaque feuille adhère à ses voisines ; la couleur, enfin, doit être devenue plus foncée (brune).

L'épandage sur toiles de jute est surtout usité à Ceylan, où l'on pratique aussi l'épandage sur planches minces (*withering on wood*); ce dernier mode est également répandu aux Indes. L'emploi des planches est peut-être préférable à celui des toiles; elles entraînent, il est vrai, des frais d'installation un peu plus considérables, mais elles sont plus durables, et d'une propreté beaucoup plus grande. Des recherches directes de K. BAMBER [2] ont montré que la feuille flétrie sur bois a presque invariablement un meilleur *toucher*. Cependant, sous un climat toujours très humide, ce matériel paraît n'avoir que peu ou pas d'avantages, le bois se saturant rapidement d'humidité.

L'emploi de claies de bambou (*chalnies*) ou de treillages métalliques, au lieu de toiles ou de planches, est assez répandu aux Indes. On conçoit facilement que ces claire-voies de bambou

ou de métal puissent permettre une circulation d'air plus parfaite que les toiles ou les planches. La quantité de feuilles
qu'elles peuvent recevoir dépend, comme toujours, de l'aération
du local et des conditions atmosphériques ; mais, en moyenne,
une claie de bambou peut recevoir 1 lb. 1/3 à 1 lb. 3/4 de feuilles
par 18 pieds carrés, et le treillage métallique peut en recevoir
1 lb. 1/2 à 2 lb. par 12 pieds carrés.

H. SANDERSON [2], à qui j'emprunte ces détails, considère le
treillage métallique comme devant être préféré aux claies de
bambou pour les raisons suivantes :

1° Il permet une meilleure circulation d'air et expose à celui-
ci une plus grande surface de feuilles ;

2° Il écarte la présence, dans le thé, des fragments de bambou
provenant des claies ;

3° Sa durée est plus grande.

Par contre, il offre les désavantages suivants :

1° Son prix est plus élevé que celui des claies de bambou ;

2° Une construction garnie de ce treillage représente 45 pour 100
d'espace à sécher en moins qu'une construction similaire garnie
de bambou ; comme ce treillage peut recevoir, à surface égale,
un poids de feuilles supérieur de 12 1/2 pour 100 à celui que
recevraient des claies de bambou, il reste en faveur de celles-ci
une différence de 32 1/2 pour 100.

D'après le même auteur, une « maison à flétrir » ne doit être
établie qu'après prise en considération des éléments suivants :

1° Direction des vents dominants pendant la saison de travail ;

2° Altitude du terrain, les terrains élevés devant toujours être
préférés ;

3° Le voisinage des masses d'eau (réservoirs, etc.) doit toujours
être évité ;

4° La maison doit être très éloignée de la jungle ou des arbres.

Ce serait encore une excellente chose que d'avoir, tout autour
de cette maison, un espace dénudé, plus spécialement du côté
du vent, car ceci peut ajouter à la sécheresse de l'air arrivant
dans les salles de flétrissage.

L'installation doit présenter son côté large au vent dominant.

Dans les maisons présentant, au contraire, leur extrémité au vent, les feuilles sèchent suivant le sens du courant d'air, et les parties les plus rapprochées de l'entrée sont desséchées, alors que les suivantes restent molles (ou à l'état : *kutcha*). BAMBER admet que l'air est saturé d'humidité après passage sur 30 pieds de feuilles vertes.

Le plancher d'une « maison à flétrir » doit être élevé de 1 pied au moins au-dessus du sol, et celui-ci doit être retenu par un mur de briques. Les parois doivent être disposées de manière à pouvoir prévenir l'intrusion des animaux errants et à briser la force des vents violents. On les construit généralement en bambous entiers ou refendus suivant leur axe ; lorsque ceux-ci sont placés tout contre les uns des autres, ils entravent les courants d'air, mais protègent mieux de la pluie que lorsqu'ils sont trop espacés ; une distance de 2 pouces entre chaque bambou paraît être un maximum. La durée de telles parois est considérablement prolongée par la présence du mur de soutènement en briques mentionné ci-dessus.

SANDERSON préfère les parois faites de bambous entiers, placés l'un contre l'autre, avec de longues fenêtres à intervalles rapprochés, celles-ci devant être munies d'écrans protecteurs *(japs)* qui peuvent les fermer ou les laisser ouvertes, suivant l'état atmosphérique. Dans une maison présentant son côté large au vent, ces fenêtres ne doivent être pratiquées que du côté du vent.

Les meilleurs planchers sont ceux de bois. Ceux de terre battue sont malpropres et retiennent l'humidité ; leur balayage provoque la formation d'une poussière abondante qui se dépose sur les feuilles et altère leur qualité. Les planchers à claire-voie (planchers de *turzah*) laissent perdre les fines particules de la feuille, brisée pendant les manipulations, qui peuvent venir à tomber sur le sol ; elles se perdent à travers les fentes du turzah et ne peuvent être recueillies par balayage.

Dans les installations pourvues de claies de bambou, la claie supérieure peut, sans inconvénient, être placée à 6 pieds de haut, l'inférieure étant à 8 pouces du sol et chaque claie étant à 4 pouces de ses voisines ; on arrive ainsi à un total de seize claies superposées. Sanderson considère cette distance de 4 pouces entre chaque claie comme représentant un minimum.

Les rayons étant pourvus de supports de 6 pieds en 6 pieds, avec support plus résistant tous les 12 pieds, ils peuvent recevoir quatre claies ou *chalnies* de 34 pouces par 12 pieds courants. Pour la commodité du passage, il convient de laisser un espace au moins égal à 5 pieds entre les lignes de rayons.

Dans le cas où le treillage de fil de fer est employé, le rang inférieur doit être élevé de 6 pouces au-dessus du plancher; dix de ces rangs étant superposés avec 6 pouces d'écartement, l'élévation totale est de 5 pieds 6 pouces. Cet écartement de 6 pouces est inférieur à celui qui est généralement usité dans les installations construites de cette manière, mais un écartement supérieur est tout à fait superflu et n'aboutit qu'à une perte de place due à des difficultés d'épandage pour les rangées les plus élevées. Ces rangées ont le plus souvent une pente de 1 sur 4.

Sanderson recommande encore de donner au moins 7 pieds de hauteur à chaque étage. Il proscrit la toiture de chaume et conseille celle de fer ondulé, qui offre plus de résistance et garantit mieux de l'humidité. Il est vrai que les claies supérieures ne doivent pas être trop rapprochées de ce toit de fer, sans quoi les feuilles se dessécheraient rapidement. Cet inconvénient peut être évité par l'emploi de sous-plafonnages paillassonnés, situés à deux pieds au-dessus de la dernière claie.

Ce même auteur répartit suivant trois types les « maisons à flétrir » qui se construisent dans les provinces de Cachar et de Sylhet; ce sont :

1° La *Kutcha house*, construite entièrement en bois. Là où de bon bois dur existe, ce type est le meilleur marché; bien placé, il peut donner d'excellents résultats de flétrissage. Sanderson a obtenu, dans des *Kutcha houses* de 16 pieds de large, contenant seulement deux rangs de rayons, de meilleurs résultats qu'en aucune autre installation ;

2° Le *Brick columned Building*, ou hangar à colonnes de briques, qui forme le type le plus commun et se construit soit avec une toiture de planches couverte de chaume, soit avec une

toiture de fer. La largeur est généralement ici de 29 à 30 pieds,
et permet d'établir quatre rangs de rayons en bambou ou en
treillage métallique. Le désavantage de ce type est sa facilité à
souffrir des cyclones, et la perte d'espace que font réaliser les
trois rangs de colonnes de briques caractérisant ces cons-
tructions ;

3° L'*Iron Building*, type entièrement métallique, innové
depuis une douzaine d'années, et qui s'établit de diverses façons.
D'une manière générale, ces installations se composent de
minces colonnettes de fer, supportant une toiture de tôle
ondulée, et peuvent recevoir trois rangs doubles de rayons.

Quel que soit le mode d'installation adopté, il doit toujours y
avoir — et il y a généralement, en fait — abondance d'espace à
flétrir. K. BAMBER [2] a donné à cet égard des renseignements
très précis, dans le détail desquels je ne puis entrer.

c) **Transformations provoquées par le flétrissage.**

Nous avons ici à tenir compte tout d'abord de l'évaporation.
D'après BAMBER [2] celle-ci serait en réalité beaucoup plus faible
qu'on ne se l'imaginerait d'après le toucher de la feuille. Il
estime que le meilleur résultat, avec de bonnes feuilles ordinaires, est obtenu quand le flétrissage représente une perte
d'humidité équivalente à 35 pour 100 environ.

En expérimentant sur le flétrissage, et en le poussant plus
loin qu'on ne le fait en général, Van ROMBURGH et LOHMANN [1]
ont observé des pertes de poids variant entre 20 et 50 pour 100 ;
ils estiment que cette perte doit osciller, de préférence,
entre 20 et 30 pour 100. A Parakansalak (Java), on a constaté
que la perte d'eau est en moyenne de 21,5 pour 100 avec le thé
d'Assam, et 24 pour 100 avec le thé Java ; les chiffres extrêmes
étaient de 17 1/2 et 27 1/2 pour 100 pour le premier, et de 18 et
33 pour 100 pour le second. D'une manière générale, on flétrit
plus énergiquement aux Indes Anglaises qu'à Java.

Mais cette perte d'eau n'est pas le seul phénomène qui soit lié au flétrissage.

BAMBER pense que la feuille flétrie à l'obscurité transforme partiellement sa matière protéique, et engendre un ou plusieurs corps amidés, ce dont l'influence sur la qualité de l'infusion n'a pas encore été déterminée. Il a constaté que cette matière protéique, traitée par un acide dilué, subit une légère décomposition à la suite de laquelle se dégage un arome très suave, à peu près identique à celui de l'huile essentielle; il suppose qu'une transformation similaire prend place dans la feuille flétrie, surtout si la sève a une réaction nettement acide par suite de la présence d'un excès d'acides organiques. Cette dernière condition de la sève prévaut surtout en contrée haute, ce qui pourrait expliquer la présence d'un meilleur arome dans les thés de ces contrées. Ce fait est de nature à suggérer l'emploi d'engrais susceptibles de favoriser le développement d'acidité dans les feuilles.

Les déterminations directes de Van ROMBURGH et LOHMANN, ont montré qu'il y a, pendant le flétrissage, une légère augmentation d'azote *soluble*. L'extrait de feuilles fraîches de thé Java leur donnait 3,15 pour 100 d'azote, soit 1,6 pour 100 en matières sèches du thé frais total. Celui des feuilles flétries donnait 3,4 pour 100 d'azote, soit 1,7 en matières sèches du thé frais.

Avec le thé d'Assam, l'extrait de feuilles fraîches contenait de 1,82 à 1,84 pour 100 d'azote en matières sèches des feuilles fraîches. L'extrait des feuilles flétries en renfermait 1,94 à 1,99 pour 100.

La teneur en azote *total* ne paraît pas subir de changement important au cours du flétrissage. Des feuilles fraîches en manifestaient 4,53 pour 100; flétries, elles en contenaient 4,50 pour 100; ces chiffres peuvent être considérés comme identiques.

L'influence du flétrissage sur la teneur en tanin et en extrait total est tout particulièrement importante à suivre en raison du rôle que jouent ces éléments dans l'appréciation des qualités de l'infusion. Cette influence a encore été étudiée de très près par Van ROMBURGH et LOHMANN, qui ont établi d'intéressantes comparaisons entre des feuilles de thé fraîches, à divers âges, et des feuilles soumises au flétrissage. Il convient tout d'abord de constater que les feuilles jeunes contiennent moins de matières sèches totales, mais plus de tanin et d'extrait que les feuilles anciennes. D'autre part, les feuilles cueillies le matin présentent un peu moins de matières sèches et de tanin que des feuilles identiques cueillies dans la soirée. Ceci posé, nous voyons, d'après les expériences de Van Romburgh et Lohmann, que le flétrissage diminue généralement, de 1 pour 100 environ, la quantité de tanin présente dans la feuille, et de 1 à 2 pour 100 celle de l'extrait. Il diminue également un peu la teneur en matières sèches.

Pour fixer les idées, nous pouvons citer comme exemple que la teneur en matières sèches peut tomber de 25,1 à 24,8, celle en tanin de 26,2 à 25,6, et celle en extrait de 62,3 à 61,9. Ces chiffres ne sont, encore une fois, que des exemples.

Ces modifications sont assez peu considérables ; elles ne sont que le prélude de celles que nous aurons à mentionner au cours de la fermentation.

De ce qui précède, on peut conclure que la feuille subit des modifications chimiques pendant cette opération du flétrissage, modifications se traduisant notamment par une diminution de matières sèches, de tanin, et d'extrait total, et aussi par une légère augmentation d'azote soluble, et un dégagement (assez faible) d'arome.

Il serait assurément souhaitable que l'on pût trouver un moyen de contrôle, suffisamment rigoureux, de l'état de flétrissage des feuilles. On admet généralement qu'il est satisfaisant lorsqu'en pliant une feuille celle-ci ne se brise pas, mais reste molle et complètement malléable. Ce caractère, purement extérieur, est en réalité insuffisant. Van Romburgh et Lohmann proposent de placer, dans le grenier à flétrir, une balance sur l'un des plateaux de laquelle on met un certain poids de feuilles ; on suit attentivement la marche de leur évaporation, qui les rend plus légères, et l'on provoque, au besoin, une ventilation suffi-

sante pour que cette évaporation arrive au point voulu, qui
serait à déterminer dans chaque cas particulier. On pourrait
assurément obtenir de cette manière des produits de qualité
plus constante.

d) Flétrissage artificiel.

Il a été imaginé, il y a quelques années, une machine à flétrir :
la *Tea leaf withering machine*, de DAVIDSON. Telle qu'elle existait
tout d'abord, cette machine était quelque peu difficile à employer,
mais elle a été récemment perfectionnée ; elle consiste essentiellement en un vaste cylindre, dans lequel les feuilles sont
soumises à une ventilation énergique au moyen d'air chaud.
Dans des factoreries établies de toutes pièces, cette machine peut
être installée dans une partie spécialement faite pour elle, et peut
alors être employée avec avantage.

Dans les établissements anciens, où une installation de cette
nature serait coûteuse et peut-être même difficile, on a généralement recours aux simples ventilateurs qui assurent une large
aération des greniers eux-mêmes et sont beaucoup plus économiques. En pratique, ce sont ceux-ci qui ont prévalu.

Van ROMBURGH et LOHMANN hésitent à se prononcer nettement
sur les avantages ou les désavantages de la machine à flétrir
(ancien système). Ils recommandent, en tout cas, de ne pas y
élever la température au delà de 40° C. NANNINGA [4] se montre,
au contraire, assez favorable à ce procédé.

Généralement, on désigne sous le nom de flétrissage artificiel
celui qui est accéléré par un courant d'air *artificiel*, provoqué par
des ventilateurs *(fans)* qui amènent, dans les greniers à flétrir,
soit un air chaud provenant de la machinerie, soit, plus simplement, l'air extérieur lui-même. Cet air chassant celui qui s'est
saturé d'humidité au contact des feuilles, on conçoit que le
flétrissage soit notablement accéléré. L'usage de l'air chaud,
et même celui des souffleries, en principe, ne rallie pas tous les
suffrages. Il paraît, cependant, présenter d'incontestables avan-

tages, surtout dans certains cas, notamment lorsque les conditions climatériques rendent difficile, ou même impossible, un
flétrissage normal.

Il convient de remarquer que c'est surtout l'usage de l'air chaud
qui rencontre l'opposition la plus marquée. H. SANDERSON [2],
que j'ai déjà eu à citer, reconnaît que cet usage rend la feuille
assez rapidement molle, mais il trouve que c'est là un simple
moyen de la cuire à l'étuvée (*stewing the leaf*). L'air provenant
des machines à feu peut être différent, dit-il, de l'atmosphère
pure, et affecter défavorablement le flétrissage. Sa rapidité
d'action aurait l'inconvénient de prévenir les modifications chimiques qui caractérisent un bon flétrissage, et notamment
l'accroissement d'enzyme découvert par MANN (v. ci-dessous,
p. 88). Par ailleurs, SANDERSON ne voit pas de raison à ce que les
feuilles ne puissent être flétries, en temps humide, à l'aide de
souffleries véhiculant de l'air naturel, mais il faut alors s'arranger
pour que la durée du flétrissage reste normale (quinze à vingt
heures). Il est bon que les maisons où sont installées ces souffleries soient parfaitement étanches à l'air partout ailleurs que
pour son arrivée et sa sortie; sans cela, l'efficacité du ventilateur deviendrait irrégulière, et la marche de l'operation pourrait
être défectueuse.

Je n'ai pas à décrire ici les souffleries ou ventilateurs employés
dans les factoreries. Ils sont généralement fabriqués, dans le
but spécial du flétrissage du thé, par les usines qui construisent
les convoyeurs, rouleurs, dessiccateurs, etc., destinés à ces factoreries. Ils consistent en roues à ailettes, mues par la vapeur,
l'électricité, ou un moteur à eau, et se disposent de manière à
envoyer soit l'air chaud des salles où se trouvent les màchines
à vapeur, soit de l'air puisé au dehors.

A titre de renseignement, je parlerai brièvement de deux des
plus connus (1). Ce sont les ventilateurs « *Sirocco* » du type A
et du type *Wall fan*. Ils s'établissent en plusieurs dimensions. Le
premier est destiné à servir tous les usages de ventilation, même

_____

(1) En outre de ceux-ci, les modèles *Blockmann, Cyclone, Vortex, Herts* sont
également très employés.

les plus puissants, et notamment à la ventilation des greniers à flétrir; dans ce dernier cas, il doit fonctionner à basse vitesse. Le second est tout particulièrement destiné aux factoreries de thé : il se monte dans la muraille de la salle de flétrissage, et

FIGURE 1. — VENTILATEUR « SIROCCO », TYPE A

puise l'air à l'extérieur de l'habitation, pour le déverser à l'intérieur.

Sur la plantation de Halzolle (Yatiyantota, Inde), par exemple, une expérience faite avec ces appareils aurait montré qu'ils permettent d'obtenir un flétrissage suffisant en dix heures environ, par temps pluvieux. A Palamcotta (Rakwana), le flétrissage normalement obtenu en deux jours, par un beau

temps, et en trois jours par temps pluvieux, à raison de 1 lb.
de feuilles pour 10 pieds carrés, fut réalisé en douze heures. A Hangranoya (Nawalapitiya), par les plus mauvais temps, ces ventilateurs ont, paraît-il, donné un flétrissage complet en douze à quinze heures. Il en a été de même à Ceylan, aussi bien dans des factoreries sises au niveau de la mer que dans d'autres établies à 5.000 pieds d'altitude. Les feuilles, ainsi traitées, subissent une bonne fermentation et donnent un thé de qualité uniforme.

On reproche parfois au flétrissage artificiel de dessécher la feuille sans la flétrir. D'après BAMBER [2], ceci semble parfois se produire lorsqu'on maintient un courant d'air continu. Il a constaté que, dans le séchage des substances organiques, il s'échappe dans l'atmosphère une quantité plus grande d'humidité durant une période de repos, si l'air est renouvelé à de fréquents intervalles au lieu d'arriver sous forme de courant continu. BAMBER a fait, à ce sujet, des expériences

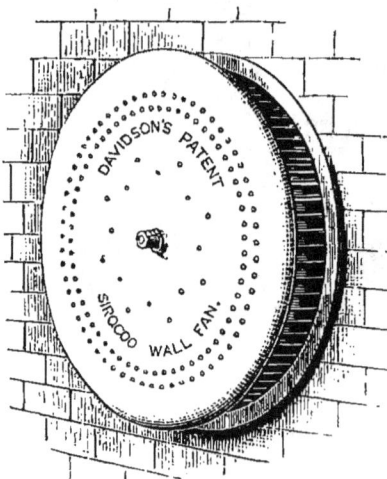

FIGURE 2. — VENTILATEUR « SIROCCO »
TYPE « WALL FAN »

directes dans plusieurs factoreries pourvues de ventilateurs.
La méthode qu'il préconise est de mettre ceux-ci en mouvement dès que la feuille est épandue, pour enlever son excès
d'humidité et la refroidir en même temps par évaporation. Les
ventilateurs sont alors arrêtés pendant une demi-heure environ,
puis remis en marche pendant quelques minutes. La période de
repos est répétée ensuite à intervalles d'un quart d'heure environ,
avec mise en marche pendant cinq minutes.

Lorsqu'on emploie l'air chaud, le temps pendant lequel celui-
ci peut passer sur les feuilles à flétrir, avant d'être saturé de leur
humidité, dépend de son état hygrométrique primitif, de l'épaisseur suivant laquelle la feuille est épandue, et aussi de la nature
et de la position des rayons de flétrissage. Les nombres suivants
ont été relevés par BAMBER, dans un grenier de 128 pieds de long,
muni de deux ventilateurs BLACKMANN, placés à 48 pieds de
l'extrémité.

	Température	Humidité
Air chaud introduit. . . .	89°6 F. (32° C.)	79,4
A côté des ventilateurs . .	88°7 F. (31° 1/2 C.)	84,1
A l'extrémité du grenier. .	86°9 F. (30° 1/2 C.)	91,7

On voit ainsi que la température de l'air introduit s'abaisse de
2°7 F. en passant sur les feuilles, et y gagne une humidité telle
que celle-ci s'accroît de 12,3 et arrive à un point assez voisin de
la saturation.

Prenant Ceylan comme exemple, pendant les jours humides
l'humidité de l'air atteint de 90°4 à 94° à toutes les altitudes ;
dans de telles conditions la feuille ne peut se flétrir, mais elle
tourne graduellement au noir par décomposition. Cette humidité
doit donc, coûte que coûte, être réduite à 80° (et même moins si
possible) si l'on veut que le flétrissage s'opère en un laps de
temps raisonnable. Ceci ne peut guère être réalisé que par
l'emploi de l'air chaud, et par adoption du système des périodes
alternatives de K. BAMBER.

e) Accroissement d'enzyme pendant le flétrissage.

Le fait, très important, de l'accroissement de l'enzyme pendant le flétrissage, a été découvert par H.-H. MANN [2], qui s'exprime ainsi à ce sujet :

« La quantité d'enzyme de la feuille s'accroît matériellement pendant le flétrissage; ce fait jette une lumière toute nouvelle sur la nature de ce processus, et rend probable que celui-ci assume, au point de vue de la fabrication, une importance beaucoup plus grande que celle qui lui avait été attribuée jusqu'ici. »

Il est ensuite revenu, dans la seconde partie de son travail [4], sur l'étude de ce phénomène, dont l'importance est absolument capitale.

Ayant placé une certaine quantité de feuilles dans un grenier à flétrir ordinaire, à une température variant de 86° F., au milieu du jour, à 75° F. pendant la nuit (c'est-à-dire de 30° à 24° C.), il les laissa se flétrir pendant dix-huit heures et demie. Des échantillons de ces feuilles furent prélevés de temps en temps, pendant ce flétrissage, et les quantités d'enzyme totale et d'enzyme active y furent déterminées. Rappelons ici que MANN, considère comme enzyme active celle qui donne une couleur bleue avec la teinture de gaïac employée seule, tandis que l'enzyme totale est celle qui ne donne cette coloration bleue avec le gaïac qu'après addition d'eau oxygénée.

Voici les résultats de cette détermination :

Durée du flétrissage	Enzyme active	Enzyme totale
I. — Une heure	1,00	1,00
Cinq heures	1,14	0,96
Dix-huit heures et demie . . .	1,71	1,77
Vingt-trois heures et demie. .	1,29	1,38
II. — (Feuilles fraîches, à midi) . .	1,00	1,00
Quatre heures trois quarts . .	1,27	0,76
Dix-huit heures	1,45	1,55
Vingt-quatre heures	0,92	1,56

Il y a donc un maximum dans la présence de l'enzyme, et c'est après dix-huit à vingt heures de flétrissage, dans les conditions où se trouvait Mann, que l'enzyme active aussi bien que l'enzyme totale atteignent ce maximum ; ce temps coïncide d'ailleurs avec celui au bout duquel la feuille se trouve dans les meilleures conditions de consistance pour le roulage, lorsque l'atmosphère est dans un état satisfaisant.

Dès lors, une question se pose : comment faire lorsque, les conditions atmosphériques ou autres venant à changer, cette coïncidence cesse d'exister ? Supposons, par exemple, que la masse des feuilles soit bonne à rouler après douze heures ; la quantité d'enzyme est-elle alors à son maximum, ou celui-ci ne se réalisera-t-il encore, comme dans le cas précédent, qu'au bout de dix-huit à vingt heures ?

Pour chercher à pouvoir répondre à cette question, Mann fit d'autres expériences, assez semblables aux premières, sauf en ce que les feuilles furent étendues de manière à être très rapidement flétries, et à être prêtes à rouler au bout de cinq heures environ. La quantité d'enzyme totale y atteignait son maximum longtemps après (quatorze heures environ) que la feuille ait été prête à rouler, et les deux points optima relatifs au maximum d'enzyme et au meilleur état de flétrissement en vue du roulage cessaient ici de coïncider.

La possibilité de tels faits est surtout à considérer au point de vue du flétrissage artificiel, qui ne tient pas compte de ce que l'accroissement de ferment est indépendant, au moins dans une certaine mesure, de la consistance de la feuille et de son aptitude, en quelque sorte mécanique, à subir le roulage. Un flétrissage trop rapide peut arrêter le développement de l'enzyme à un stade prématuré, ce développement ne s'effectuant totalement qu'au bout du temps normal exigé pour le flétrissage naturel. Ceci peut expliquer pourquoi le flétrissage artificiel donne trop souvent des thés inférieurs. Il ne s'ensuit pas cependant, que les procédés artificiels doivent être écartés ; ils doivent seulement être plus judicieusement réglés, de manière à laisser à l'enzyme tout le temps qui lui est nécessaire pour atteindre son maximum.

Nous avons vu (p. 57) que la quantité d'enzyme est en rapport étroit avec la qualité du thé, et ce fait doit ici servir de guide.

Ceci posé, qu'arrive-t-il si les conditions sont défavorables au flétrissage, et si, comme c'en est trop souvent le cas, l'atmosphère est tellement humide que la feuille prenne, par exemple, quarante-huit heures ou même plus pour se flétrir, et peut-être même imparfaitement ? La production de ferment se fait alors à peu près comme dans les autres circonstances, mais elle peut être retardée ; les expériences de MANN sont pleinement édifiantes à ce sujet. Il maintint des feuilles dans une atmosphère tellement saturée d'humidité qu'après vingt-cinq heures elles ne montraient aucun des signes auxquels on reconnaît qu'elles sont aptes à subir le roulage. Longtemps après les dix-neuf heures normales le ferment augmentait encore.

MANN prit ensuite un lot de feuilles qu'il maintenait à l'état frais (état *kutcha*) en prévenant toute évaporation pendant la durée entière de l'expérience. La quantité de ferment était évaluée après dix-neuf et vingt-six heures, la température restant la même que dans le cas précédent (25-30° C.). Après vingt-six heures de flétrissage, la quantité de ferment commençait à décliner, et la feuille, bien que restant alors *kutcha*, c'est-à-dire fraîche et turgide, avait dépassé le point où, chimiquement, elle était la plus apte à être transformée en thé manufacturé.

Il est donc de toute évidence que les deux processus de perte d'humidité et de production de ferment ne s'effectuent pas forcément en même temps, et que la feuille peut être flétrie, par temps très sec, longtemps avant qu'elle ne soit chimiquement prête à subir le roulage ; en temps très humide, ce peut être l'inverse.

Il paraît encore qu'à la température et dans les conditions générales où MANN était placé, le temps normal exigé pour que la feuille puisse arriver à être chimiquement prête, soit de dix-huit à vingt heures, aussi bien avec des feuilles flétries normalement, qu'avec des feuilles surflétries. La seule exception qui se présente ici concerne les feuilles dont le flétrissage a été longtemps retardé par une extrême humidité de l'atmosphère ces feuilles n'acquièrent leur maximum d'enzyme qu'après un délai supplémentaire de quelques heures.

Comme conclusion définitive, il est évident que le fabricant de thé doit s'attacher non seulement à obtenir un flétrissage tel que la feuille soit physiquement bonne à rouler, mais encore à amener celle-ci au point où sa constitution chimique est optima.

Cette conclusion, ajoute MANN, peut suggérer une idée de perfectionnement de travail aux praticiens qui sont alternativement exposés à une saison chaude et sèche, et à une autre très humide, pendant laquelle il est considéré jusqu'ici comme impossible d'obtenir un bon flétrissage. Sachant que la feuille doit atteindre son meilleur état, au point de vue chimique, après vingt heures (sous les conditions de température précitées), il peut être utile de laisser les feuilles en tas pendant douze à seize heures, en les remuant au besoin, puis d'achever le flétrissage avec des ventilateurs. Dans ces conditions, l'enzyme a tout le temps voulu pour atteindre son maximum, et les feuilles, restées turgides pendant leur entassement, peuvent être rapidement amenées, sous l'influence des ventilateurs, à un degré de flétrissement normal.

On voit donc toute l'importance pratique que peuvent avoir de telles recherches.

f) Influence de la lumière et de l'obscurité.

J'ai fait allusion ci-dessus (p. 71), aux divergences d'opinions, relatives à l'influence que peuvent avoir la lumière ou l'obscurité sur la marche du flétrissage. D'après ce que nous savons maintenant de l'accroissement de l'enzyme, il semble probable que cette influence doive surtout s'exercer sur celle-ci, qui est, comme nous l'avons vu, sensible à l'action de la lumière (v. p. 56). De nouvelles recherches de H.-H. MANN [4], paraissent avoir définitivement tranché la question.

Il prit deux lots de feuilles absolument identiques et les

soumit au flétrissage dans des conditions rigoureusement semblables, mais avec cette différence que l'un des lots était exposé
à la lumière et que l'autre restait à l'obscurité. La quantité de
ferment fut déterminé au même moment pour les deux lots. Les
conditions générales de ces feuilles restèrent, dans les deux cas,
à peu près identiques ; cependant celles qui avaient été exposées
à la lumière étaient un peu moins flétries. Les quantités rela
tives d'enzyme furent les suivantes :

Durée du flétrissage		Enzyme active	Enzyme totale
Vingt-trois heures	Obscurité. . .	1,00	1,00
	Lumière . . .	1,12	1,08

Le résultat paraît donc légèrement meilleur à la lumière, mais
il faut se rappeler qu'il ne s'agit ici que de la lumière diffuse du
jour, et non de la grande lumière directe du soleil, qui est entièrement hors de cause. La feuille flétrie à la lumière se fane un
peu moins vite, mais s'enrichit un peu plus d'enzyme que
lorsque le flétrissage a lieu à l'obscurité. Charles JUDGE [3],
au cours d'aperçus très judicieux, sur la fabrication du thé noir,
récemment parus dans le *Journal d'Agriculture tropicale*, a
émis quelque doute sur la question de savoir si le fait est dû
réellement et uniquement à la différence d'éclairage ; en effet,
en empêchant la lumière de pénétrer dans le flétrissoir, l'expé-
rimentateur diminuait fatalement en même temps, dit M. JUDGE,
l'aération. Quoiqu'il en soit, MANN lui-même, conclut en faveur
d'un libre accès de l'air et de la lumière diffuse.

Les expériences précédentes évoquent naturellement l'idée
des différences qui peuvent exister entre les feuilles développées
à la lumière normale, et celles qui se sont développées à une
obscurité relative. Cette question est d'autant plus naturelle
qu'il est parfois d'usage d'ombrager les plantations de
théiers.

Deux buissons d'une même variété, ayant été taillés en même
temps, puis l'un ayant été ombré de manière à ne recevoir
presque plus du tout de lumière, MANN récolta simultanément
les feuilles de ces deux buissons et les examina. Il ne put trouver

aucune différence entre elles, tout au moins en ce qui concerne l'oxydase.

D'autre part, on est amené à la question de savoir quelles différences peuvent présenter des feuilles cueillies de bonne heure dans la matinée, avec celles qui ne le sont que plus avant dans le jour. Conformément à un fait général, l'enzyme du thé s'accroît pendant la nuit, et sa quantité est plus grande dans la matinée. Les chiffres suivants ont été obtenus, à cet égard, par MANN :

Condition de la feuille	Enzyme active	Enzyme totale
I. — Cueillie à 5 h. 30 du soir. . . .	1,00	1,00
— 6 h. 45 du matin . . .	1,16	3,37
II. — Cueillie à 6 heures du soir . . .	1,00	1,00
— 6 h. 30 du matin . . .	2,29	1,29

Le ferment de la feuille est donc plus abondant dans la matinée que dans la soirée. Cependant, l'opinion sur plusieurs plantations est défavorable à cette constatation ; les uns prétendent que le meilleur thé provient des feuilles cueillies le matin, d'autres préfèrent que celles-ci soient cueillies tardivement. La question reste donc ouverte.

g) Accidents au cours du flétrissage.

Ces accidents, malheureusement assez fréquents, sont de divers ordres : fermentation prématurée, putréfaction, dessèchement, tournage au rouge, etc. Nous avons vu précédemment qu'en conduisant le flétrissage d'une manière rapide et rationnelle on pouvait éviter les premiers de ces inconvénients. Il en est de même du tournage au rouge. Ce dernier accident est assez fréquent et assez important ; voyons en quoi il consiste.

Lorsque le flétrissage a été insuffisant, et que la feuille est restée trop longtemps étalée par un temps humide, il en résulte le développement dans certaines feuilles d'une couleur rougeâtre défavorable et caractéristique. Le pourcentage de ces feuilles rouges peut devenir élevé. Le même inconvénient se produit avec de vieilles feuilles subissant un flétrissage exagéré, et le flétrissage au soleil favorise le développement de cette couleur rouge.

D'après Geo. THORNTON, à Ceylan, surtout dans les altitudes moyennes, toutes les fois que la cueillette a été faite par un temps de sécheresse prolongée, et plus particulièrement par un grand vent, on obtient un thé tirant sur le rouge d'une façon très prononcée, quelles que soient les précautions dont on entoure la récolte.

Dans ce cas particulier, l'accident ne nuit que peu ou pas à la vente, car si ce thé n'a pas une couleur noire parfaite, il possède par contre un arome plus intense. Dans l'Uva, les thés cueillis pendant les mois de juillet et août, qui y sont très secs, tournent souvent au rouge ; ils obtiennent cependant des prix assez élevés. Mais il est loin d'en être ainsi dans les autres cas ; lorsque les feuilles rouges proviennent d'un accident de manipulation, qui est toujours (ou presque) un accident de flétrissage, leur qualité est tout aussi inférieure que leur aspect, et ces thés rouges se vendent à vil prix.

3. — ROULAGE

---

a) Conditions générales.

Le but exact de cette opération est resté assez mal défini jusqu'au jour où l'on a commencé à connaître les phénomènes diastasiques de la fermentation du thé. L'enroulement de la feuille, réalisé par le roulage, n'a qu'une importance tout à fait secondaire, et n'intéresse, en tout cas, que l'aspect du produit; au contraire, le brisement des cellules effectué au cours de cette manipulation provoque un mélange des sucs cellulaires, mélange qui est intimement lié à l'obtention d'un bon thé noir. Ce brisement permet à l'enzyme d'arriver au contact des corps fermentescibles, de se mélanger à eux et de produire ainsi tout son effet.

L'importance de ce processus est donc facile à concevoir, et la manière dont il est pratiqué influence très sensiblement la qualité du thé.

Des feuilles légèrement roulées ne donnent qu'un thé assez faible. Fortement roulées, elles donneront un thé fort, mais partiellement décoloré, et, surtout si le flétrissage a été trop ou trop peu accentué, elles se briseront et se fendilleront.

D'après THORNTON, il est bon de rouler plus énergiquement que les feuilles ordinaires celles qui proviennent de buissons taillés depuis longtemps. Les feuilles provenant de buissons en fleurs ou à graines ne peuvent acquérir que peu de force, même après un roulage très accentué; elles sont également faibles en arome. Les feuilles de buissons récemment taillés ne doivent, au contraire, qu'être légèrement roulées; il est du reste également impossible d'en obtenir un thé fort, leur sève étant probablement trop aqueuse.

Ces données très générales étant acquises, examinons les procédés employés pour le roulage. Ces procédés sont très variés.

Autrefois, alors que les procédés européens se ressentaient encore directement des procédés asiatiques qui les avaient inspirés, il existait une tendance à multiplier les roulages. Un même lot de feuilles subissait, dans l'Inde, il y a une trentaine d'années, douze manipulations différentes (1), parmi lesquelles figuraient quatre roulages ; dans cette même région, on ne pratique plus que cinq manipulations, dont deux roulages seulement, et encore le second est-il le plus souvent omis.

A Ceylan, il est généralement d'usage de rouler trois fois, à une demi-heure d'intervalle, en s'aidant de machines dont je parlerai plus loin. Les feuilles sont criblées entre chacun de ces roulages ; les plus petites, qui passent sous le crible, sont considérées comme étant suffisamment roulées, les autres sont renvoyées au rouleur. Il importe, en effet, de séparer dès à présent les feuilles suivant leur nature particulière, les premiers triages, exécutés au moment de la récolte, n'ayant eu pour but que d'émonder en quelque sorte le produit de cette récolte. Chaque catégorie de feuilles, obtenue par le criblage, devra subir séparément les manipulations ultérieures au roulage ; la durée de la fermentation et de la dessiccation ne saurait être la même pour les feuilles les plus fines et pour les feuilles les plus grosses. Cependant, ces premiers tamisages ne donnent pas directement les variétés commerciales de thé ; ils contribuent simplement à permettre de les établir dans la suite.

C'est ainsi que le produit qui passe le premier sous le crible, et qui est formé des bourgeons terminaux et de quelques premières feuilles, fournira un thé de haute qualité : l'*orange Pekoe*, qui représente à Ceylan, d'après COULOMBIER, le cin-

---

(1) Je ne puis entrer ici dans le détail de ces manipulations, qui est d'intérêt surtout rétrospectif. On consultera avantageusement, en ce qui concerne cette évolution des procédés européens de traitement du thé, l'étude déjà citée de Ch. JUDGE (*Journal d'Agriculture tropicale*, 1903, n° 23).

quième environ de la quantité primitive. Cette sorte de thé ne subit ainsi qu'un seul roulage, au moins en général, car dans cette industrie comme dans les autres, chaque fabricant s'efforce d'innover et, en cas de réussite, dissimule soigneusement son procédé.

Après le premier roulage, les feuilles conservent encore leur couleur verdâtre; elles sont devenues visqueuses, par suite de l'expression de la sève, et s'agglomèrent en masses de grosseur variable, que l'ouvrier doit briser pendant le roulage pour éviter qu'elles ne deviennent trop grosses.

Les feuilles roulées une seconde fois subissent, grâce au dispositif dont je parlerai plus loin, et lorsque ce dispositif est employé, des alternatives de compression et de décompression pendant ce second roulage. Elles commencent à brunir, ce qui est dû à un commencement de fermentation, et certaines d'entre elles se brisent; quelques-unes des brisures ainsi produites passeront sous le crible pendant le second tamisage qui suit immédiatement le second roulage, et donneront encore un thé de haute qualité, parfois mélangé à l'*orange Pekoe*.

Un troisième roulage, avec alternative de pression et de décompression lorsque l'installation le permet, est enfin subi par les plus grosses feuilles, qui ont résisté au second roulage. Il en est encore fréquemment pratiqué un quatrième. Nous reviendrons plus loin, avec détails, sur ces divers roulages.

b) Machines à rouler. — Leur emploi.

Les principales machines à rouler sont les suivantes :

Le Rouleur « *Sirocco* », de DAVIDSON.

Les machines « *Rapid* » carrées (de 32 et 24 pouces), de Jackson (MARSHALL).

La machine « *Rapid* » circulaire, de Jackson (MARSHALL).

La machine « *Rapid* » simple action, de Jackson (MARSHALL), avec ou sans mécanisme de pression.

7

La « *Little giant* », de MARSHALL.

Le Rouleur « *Express* », de PERMANN.

Le Rouleur à triple action, de BROWN.

Les Rouleurs économiques, de JACKSON.

Toutes ces machines, à peu près indifféremment, se composent d'une *boîte* ou *réceptacle,* dans laquelle sont déversées les feuilles, et d'une *table* ou *plateau;* ces deux parties essentielles sont mobiles l'une ou l'autre, ou l'une et l'autre, et c'est leur mouvement qui détermine le frottement des feuilles qui doit aboutir à l'enroulement. Pour favoriser celui-ci et éviter le glissement des feuilles, la table porte des aspérités dont la disposition et la forme varient avec chaque machine.

On peut répartir tous ces rouleurs en machines à table mobile et à boîte mobile, machines à table mobile et à boîte fixe, machines à table fixe et à boîte mobile. Ce dernier système est surtout représenté par le « Little giant »; la plupart des autres rouleurs appartiennent aux deux premiers systèmes.

Je décrirai succinctement les principales de ces machines.

Rouleur Sirocco. — Il appartient au second des trois systèmes de machines que je viens d'énumérer, et se compose essentiellement d'un réceptacle ou boîte dans lequel sont introduites les feuilles, et qui surmonte une table tournante dont le mouvement enroule les feuilles au fur et à mesure qu'elles arrivent à son contact et sont prises entre elle et la boîte, qui est fixe.

Ce système, dans lequel une partie seulement est mobile, est plus économique, comme dépense de force, que ceux dans lesquels les deux parties : table et boîte, sont également mobiles, il paraît, en outre, fournir un travail tout aussi satisfaisant.

Le rouleur Sirocco ne demande, pour une charge de 350 lbs de feuilles, qu'un moteur de deux chevaux, et peut être dirigé par un seul homme. Les feuilles sont introduites par une porte située en haut et en avant du réceptacle; elles sont en général déversées par un trou pratiqué dans le plafond; dès que la boîte est pleine au tiers, la machine peut être mise en mouvement et le reste des feuilles est ajouté progressivement.

Il n'est pas besoin, ici, d'exercer une pression verticale sur les feuilles, une pression latérale étant réalisée à l'aide d'un dispositif particulier *(ploughs)*.

Les feuilles étant placées dans le réceptacle, la porte est fermée solidement, et la machine mise en mouvement, la rotation de la table, combinée avec la pression latérale, imprime aux feuilles un mouvement complexe qui en assure l'enroule-

FIGURE 3. — ROULEUR SIROCCO

ment régulier avec un minimum de brisement. Il suffit d'ouvrir une porte de décharge pour que la feuille soit automatiquement évacuée.

Une charge de 350 lbs de feuilles flétries est suffisamment roulée en trente minutes, dans les conditions ordinaires, et l'aération de la masse pendant le roulage est suffisante pour éviter tout échauffement.

Un wagonnet spécial peut enfin venir se placer sous la décharge ménagée dans la table. Cette décharge peut être placée à côté ou à l'opposé du mécanisme moteur.

Machine « Rapid » carrée, de Jackson. — Cette machine appartient au premier système : elle est à table et à boîte mobiles.

Elle se compose essentiellement d'un bâti triangulaire, massif, monté sur trois forts supports, à l'un desquels est joint le système transmetteur du mouvement. Ces trois supports sont

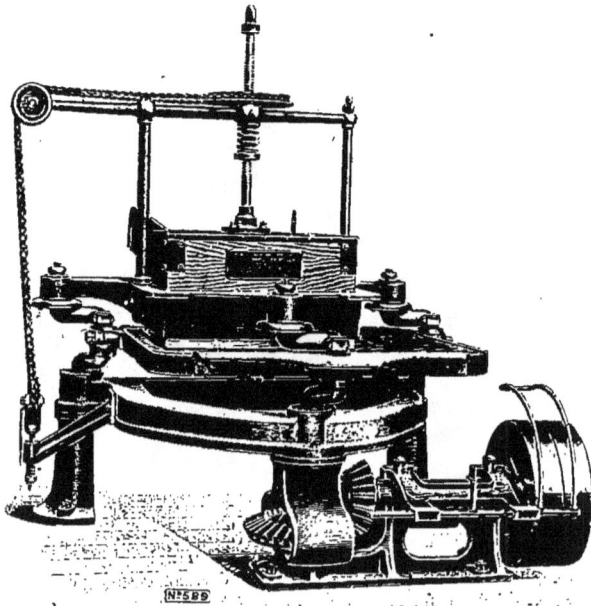

FIGURE 4. — ROULEUR « RAPID », CARRÉ

surmontés de manivelles dont l'une seulement est motrice; celle-ci met en mouvement la table de la machine, et ce mouvement est transmis en sens inverse, par les autres manivelles, à la boîte ou réceptacle, de telle sorte que les feuilles sont enroulées par les deux mouvements circulaires et inverses de la table et de la boîte.

La « Rapid » de 32 pouces peut recevoir une charge d'environ 300 lbs de feuilles flétries; elle demande une force de quatre chevaux au moins. Celle de 24 pouces peut recevoir environ

200 lbs de feuilles et ne demande qu'une force de trois chevaux.

Un système particulier permet d'exercer une pression verticale sur les feuilles contenues dans le réceptacle et de leur faire
subir ainsi un roulage plus ou moins énergique en les appliquant plus ou moins fortement contre la table. Cette pression

FIGURE 5. — ROULEUR « RAPID », CIRCULAIRE

peut être graduée. Le temps de roulage avec cette machine varie
de dix minutes (Assam) à quarante-cinq minutes (Darjeeling et
Ceylan).

Ajoutons enfin que la surface roulante peut être établie de six
façons différentes dans le détail desquels je ne puis entrer ici.

Machine « Rapid » circulaire, de Jackson. — Cette machine
appartient encore au premier système. Son réceptacle et sa table

sont circulaires au lieu d'être carrés comme dans la précédente, à laquelle elle ressemble beaucoup quant au mode de travail. Elle admet une charge de 300 lbs.

Machine « Rapid » à simple action, de Jackson. — Cette machine, qui se construit avec ou sans mécanisme de pression verticale, appartient au troisième système. Elle est encore composée d'un

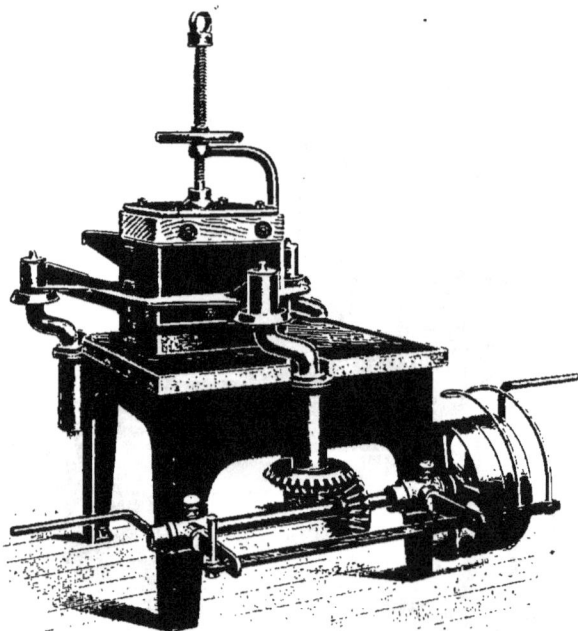

FIGURE 6. — ROULEUR « LITTLE GIANT »

bâti, supporté par trois forts montants, portant chacun une manivelle, mais le mouvement n'est transmis qu'à la boîte, et la table reste fixe. La capacité de cette machine, et la durée de son roulage, sont identiques aux précédentes.

N'ayant qu'un élément mobile, au lieu de deux, elle n'a besoin que d'une force assez faible, de deux chevaux et demi à trois chevaux.

« Little Giant », de Jackson. — Cette petite machine, qui peut être au besoin mue à la main, est surtout employée dans les exploitations peu importantes. Elle appartient encore au troisième type : la boîte seule étant mobile. La pression verticale est réalisée et graduée au moyen d'une simple vis de pression. La capacité de cette machine est de 40 lbs environ.

Ajoutons enfin que les « rouleurs économiques » de Jackson, diffèrent surtout des « rouleurs rapides », par le système de pression verticale, assuré dans les seconds par des chaînes tournant sur des poulies, tandis qu'elle n'est réalisée dans les premiers que par une vis à main. Ils admettent une charge de 100 à 120 lbs pour la petite taille, et de 200 lbs pour la grande.

. **Rouleur à triple action, de Brown.** — Cette machine diffère quelque peu des précédentes quant à son mode d'action. Elle s'établit en trois dimensions pouvant recevoir respectivement 475 lbs, 350 lbs et 175 lbs de feuilles flétries. Geo THORNTON recommande de ne se servir de la dimension moyenne qu'avec une charge de 250 à 300 lbs pour obtenir le meilleur roulage. Le chargement s'effectue le plus souvent, comme dans les cas précédents, au moyen d'un orifice pratiqué dans le plafond, au-dessus de la machine, et par lequel les feuilles sont déversées. Une pression verticale peut être réalisée au moyen d'un levier de pression ou d'une roue à main situés au-dessus du réceptacle.

L'emploi de la pression verticale mérite de nous arrêter un instant; on voit, d'après les courtes descriptions précédentes, que cette pression a préoccupé presque tous les inventeurs d'appareils à rouler le thé. Le « rouleur Sirocco », qui paraît, à première vue, manquer de dispositif propre à la fournir, la réalise en fait par ses « ploughs » latéraux. Cette pression a pour but de forcer les feuilles à s'enrouler sous l'action de va-et-vient de la boîte ou de la table ; lorsqu'elle est absente ou insuffisante, et que le poids des feuilles qui remplissent le réceptacle est impuissant à y suppléer, les feuilles glissent au lieu de s'enrouler. La pression leur permet de résister à ce glissement, auquel les aspérités de la table tendent également à s'opposer.

Les données suivantes, empruntées à l'expérience de Geo

THORNTON, suffiront à indiquer comment on doit pratiquer cette pression.

Quand la feuille subit un premier roulage, aucune pression n'est nécessaire, mais le couvercle de la boîte, par l'intermédiaire duquel elle s'exerce, doit être abaissé jusqu'au contact de la feuille. Si la pression est appliquée trop tôt, les feuilles ne s'enroulent pas, mais s'aplatissent et se brisent, et ne donnent qu'un thé fendillé, dont les extrémités se décolorent.

Quand le roulage est pratiqué pour la seconde fois, la pression doit être appliquée graduellement, en abaissant le couvercle durant les sept premieres minutes ; celui-ci doit être ensuite exhaussé pendant trois minutes, et les feuilles remuées de manière à être aérées et rafraichies. G. THORNTON trouve préférable de subdiviser chaque demi-heure en trois périodes de dix minutes chacune, pendant chacune desquelles il y a sept minutes de pression, suivies de trois minutes de decompression dont on profite pour remuer et aérer le contenu du receptacle.

Quand un troisième roulage est nécessaire, si un roulage énergique est requis, le couvercle doit être poussé dans la boite aussi loin que possible, de manière a exercer une pression très vigoureuse, puis releve comme précédemment pendant trois minutes, à la fin de chaque période de roulage, pour prévenir tout échauffement et permettre à toutes les feuilles de s'enrouler également.

La méthode ordinaire de Ceylan consiste à rouler la feuille trois fois, c'est-à-dire en trois périodes d'une demi-heure chacune comme je viens de le dire à l'instant. La masse est portée dans un briseur (*Roll breaker*) après chacune de ces périodes. Les feuilles qui passent à travers les mailles de ce briseur, jouant ainsi le rôle de tamiseur, sont immédiatement livrées à la manipulation suivante (fermentation) ; les autres sont au contraire renvoyées au rouleur.

Le temps de roulage est compté à partir du moment où le réceptacle est rempli de feuilles ; celles-ci sont généralement deversées dans le rouleur par un orifice pratiqué dans le plafond, directement au-dessus de la machine. Dès que le réceptacle est plein jusqu'au premier tiers, la machine est mise en mouvement, et le reste est ajouté progressivement. Le rouleur ne doit jamais être par trop rempli, sans cela les feuilles s'y échaufferaient et commenceraient à y fermenter.

Dans plusieurs factoreries de Ceylan, la feuille n'est roulée que deux fois, en deux périodes de quarante-cinq minutes chacune. Cette opération se fait encore, dans ce cas, d'après la manière usuelle que je viens de décrire, sauf en ce que la pression est appliquée graduellement après que la feuille ait séjourné d'abord pendant vingt à vingt-cinq minutes dans le rouleur.

Quoi qu'il en soit, la feuille qui a subi cette opération du roulage doit être bien enroulée sur elle-même; son toucher est devenu gluant, et elle possède un arome frais (*fresh smell*). Elle ne doit pas avoir acquis une apparence tachetée.

La feuille sur-roulée donne un thé fort, mais dont l'arome, et surtout l'aspect, sont défectueux. Celle qui a été incomplètement roulée fournit au contraire un thé très faible.

Un quatrième roulage est parfois pratiqué, immédiatement avant la *dessiccation*, et postérieurement par conséquent, à la *fermentation*. Dans ce cas, aucune pression ne doit être exercée, et le couvercle du réceptacle doit être simplement amené au contact des feuilles. Le but de cette opération est à la fois de ré-enrouler les quelques feuilles qui se sont déroulées au cours de la fermentation, et de provoquer la production d'une légère humidité (par expression de la sève) qui contribue à donner au produit une couleur bien égale. Ce quatrième roulage est recommandé par Thornton qui, cependant, ne le regarde pas comme très utile pour les petites feuilles, dont il peut même décolorer l'extrémité. On le pratique pendant environ dix minutes, et parfois on parachève encore l'enroulement en roulant légèrement les feuilles à la main.

D'après K. Bamber [2] le mode de roulage le plus usuel à Ceylan, qui est de rouler en trois périodes d'une demi-heure, est suffisant avec les rouleurs de Jackson et le triple-effet de Brown, mais avec les machines moins puissantes que celles-ci il conviendrait souvent de porter à quarante-cinq minutes la durée de la troisième période. BAMBER pense même qu'il peut alors convenir de pratiquer un quatrième roulage d'un quart d'heure, quand la fermentation est à peu près terminée, tout au moins pour les feuilles épaisses, puis de briser à la main les boules de feuilles qui ont pu se former au cours de ce quatrième roulage, et de porter ensuite immédiatement au dessiccateur.

Dans un grand nombre de rouleurs, dit BAMBER, l'action exercée sur la feuille est trop énergique, et tend à la briser plutôt qu'à l'enrouler, surtout si elle a été mal flétrie. Pour les thés ayant un arome délicat, ceci est tout particulièrement nuisible ; la feuille brisée laisse écouler sa sève et se décolore en même temps que l'arome se détruit. Ce sont là d'ailleurs les inconvénients habituels d'un roulage trop énergique.

Pour le premier roulage, BAMBER considère le « rouleur Sirocco » comme donnant de très bons résultats. Si la feuille y est introduite sans avoir subi d'échauffement préalable, elle reste fraiche pendant toute la durée du roulage ; mais, à moins qu'il ne soit lourdement chargé, ce qui provoque l'échauffement des feuilles, sa pression est considérée par BAMBER comme insuffisante pour briser les cellules et en mélanger la sève. La multiplication des roulages est faite pour pallier à cet inconvénient.

c) Transformations provoquées par le roulage.

Le premier effet du roulage, ainsi que j'ai déjà eu à le mentionner, est de briser les cellules constituant la feuille, et de permettre le mélange de leur contenu. Les diverses matières constituant le suc cellulaire peuvent ainsi réagir les unes sur les autres, c'est là ce qui s'accomplira surtout pendant la fermentation qui suit immédiatement le roulage. Celui-ci expulse en outre de la feuille une partie de sa sève.

L'enroulement, qui pouvait autrefois être considéré comme le but essentiel du roulage, n'est en réalité qu'une sorte d'effet

secondaire; les modifications qui sont la raison d'être de cette
operation, s'effectuent dans l'intérieur même de la feuille. Les
chiffres qui suivent donneront une première idée de ce que sont
ces changements.

D'après Bamber [2], la feuille dûment flétrie contiendrait
10 pour 100 de tanin en matières humides et de 20 à 22 pour 100
en matières sèches; après le brisement des cellules et l'expulsion
par le roulage, d'une partie de la sève, c'est-à-dire quand la
feuille est roulée, il y a une diminution graduelle de la quantité
de tanin, par suite d'un processus d'oxydation, et cette diminution est d'autant plus forte que la température est plus favorable
et que le roulage est plus prolongé; elle n'atteindra son maximum
que pendant la fermentation.

Bamber cite à cet égard les chiffres suivants :

TENEUR EN TANIN (pour 100)

	F. fraîche	F. flétrie	F. roulée	F. fermentée	F. desséchée (180-230° C)
Matières humides . .	5,775	9,24	9,03	5,88	12,60
Matières sèches . . .	21,230	22,13	20,75	13,24	12,92

Bamber a constaté que 6,23 pour 100 du tanin total subissent
une modification chimique pendant le roulage; il se produit
ainsi, d'après cet auteur, un composé non astringent de couleur
foncée, analogue à une résine, et qui peut être considéré comme
un *phlobaphène* (v. p. 44). Nous assisterons surtout à ce phénomène de transformation au cours de la fermentation.

L'âge de la feuille joue un grand rôle à ce même point de vue.

Le tanin sur lequel portent les modifications est très instable,
pour éviter qu'il ne s'en détruise une quantité par trop grande,
ce qui ferait perdre toute astringence à l'infusion, il est bon de
rouler un peu moins les feuilles qui ont déjà subi un flétrissage
très énergique. Selon Bamber, après un flétrissage à 50 pour 100,
il peut être suffisant de rouler deux fois seulement, en pressant
avec force après que l'enroulement ait été obtenu, et de faire
fermenter ensuite, aussi rapidement que possible, en humectant
la feuille avec de l'eau pure s'il est nécessaire.

La conservation de l'extrémité de la feuille, si importante pour les variétés *Pekoes* notamment, dépend partiellement du roulage ; mais elle dépend aussi de la solidité avec laquelle les poils de la feuille sont implantés dans l'épiderme. Ceci semble variable avec le moment de l'année, par suite de faits encore inconnus. Quand la feuille est convenablement flétrie, il est assez rare qu'elle perde son extrémité pendant le roulage. Cette perte peut encore être évitée par la séparation préalable des feuilles grossières et des feuilles fines.

Au point de vue des modifications chimiques qu'il fait subir à la feuille, le roulage est intimement lié à la fermentation qu'il ne fait, en quelque sorte, que préparer. Le chapitre consacré à celle-ci nous renseignera sur ces modifications.

4. — CRIBLAGE

Le but de cette opération est complexe : elle désagrège les
boules formées dans le rouleur par l'agglomération des feuilles,
devenues visqueuses et adhérant facilement les unes aux autres;
elle fait encore cesser l'échauffement subi par la masse des
feuilles au cours du roulage, et sépare, enfin et surtout, les
feuilles fines ou brisées de celles qui sont plus grosses.

Ce criblage contribue lui-même à briser les feuilles, notamment les plus grandes, et les fragments de celles-ci, mélés aux
feuilles les plus petites et aux bourgeons terminaux, augmentent
la quantité des sortes commerciales les plus fines, qui, comme
on le sait, sont fournies essentiellement par les plus jeunes
feuilles et par les bourgeons. Il s'effectue parfois à l'aide d'instruments très primitifs, mus à la main, et qui consistent fondamentalement en un tamis métallique supporté par quatre montants verticaux; chacun de ses points d'attache avec les montants
est articulé de manière à lui permettre d'effectuer un mouvement de va-et-vient, qui lui est transmis par une manivelle dont
l'axe coudé lui est relié par une tige. Les feuilles sont jetées
directement sur ce tamis, après avoir été remuées à la main, ou
bien encore on les fait passer dans une sorte de baratte à ailettes,
située au-dessus du tamis, et qui désagrège leur masse.

Un tel appareil crible les feuilles presque sans en briser
aucune. Il ne convient que dans les petites installations ; son
prix de revient est très faible, le tamis étant simplement formé
d'une toile métallique dont la maille a un diamètre approprié
aux variétés de thé que l'on traite. Boutilly indique la toile n° 4,
dont les mailles ont un diamètre de un quart de pouce.

Les factoreries importantes sont pourvues de cribles beaucoup plus perfectionnés et dont l'action est beaucoup plus efficace. Ce sont, notamment, le *Roll-breaker*, de DAVIDSON (fig. 7), et la machine « *ball breaking* », de JACKSON (fig. 8).

Chacune de ces deux machines se compose essentiellement

FIGURE 7. — CRIBLE « ROLL-BREAKER »

d'un tamis cylindrique, mobile autour de son axe, et dans lequel on introduit les feuilles telles qu'elles ont été délivrées par le rouleur. Le mouvement du crible cylindrique, à l'intérieur duquel se meuvent des ailettes, détruit l'agglomération des feuilles, les refroidit, et sépare de la masse les feuilles les plus fines, qui passent sous le crible.

Le cylindre de la première de ces machines est fait d'une toile métallique dont les mailles sont de deux dimensions, et qui sépare les feuilles fines, complètement roulées, des feuilles de dimensions moyennes (1); les feuilles les plus grandes, ou insuffisamment enroulées, sont rejetées vers l'extrémité du cylindre, d'où elles peuvent être renvoyées au roulage. Il y a donc ainsi, par une seule opération, répartition de la masse en trois catégories. Chacune de celles-ci doit fermenter à part, et les meilleurs résultats peuvent être ainsi obtenus, car la catégorie la plus fine, qui fermente le plus rapidement, doit être portée au dessiccateur bien avant les grosses feuilles. Cette répartition en trois catégories : fine, moyenne et grosse, est donc d'accord avec les exigences des manipulations suivantes.

Dans la machine en question, la feuille est introduite à l'intérieur d'une sorte de casier, placé à la partie supérieure ; elle est poussée, de là, jusqu'à l'extrémité antérieure du cylindre. Celui-ci est muni, à son extrémité postérieure, d'un dispositif permettant de faire varier l'angle sous lequel il est incliné, de manière à faire durer plus ou moins longtemps le passage des feuilles dans le cylindre. On conçoit que ce passage soit ainsi plus ou moins rapide ; lorsque le cylindre est très incliné, les feuilles, obéissant à la pesanteur, arrivent plus rapidement à l'extrémité postérieure et inférieure que lorsque le cylindre est presque horizontal.

Cette machine n'exige qu'une puissance motrice très faible, et peut même, au besoin, être mue à la main.

La machine « **ball breaking** », de JACKSON est également composée d'un réceptacle rotatif, mais celui-ci a la forme d'un prisme hexagonal au lieu d'être cylindrique comme le précédent. Les feuilles y sont introduites par une extrémité légèrement surélevée par rapport à l'autre. L'appareil étant construit en toile métallique à mailles d'un demi-pouce, les petites feuilles passent rapidement sous le crible, tandis que les balles formées sous l'action agglutinante du roulage sont brisées par des ailettes qui se meuvent à l'intérieur du crible. Cet appareil

(1 V. fig. 7, sur la machine elle-même : *fine, medium*.

peut traiter 300 lbs de feuilles en cinq minutes environ. Il n'effectue qu'un criblage en quelque sorte préliminaire.

FIGURE 8. — CRIBLE « BALL BREAKING »

Nous parlerons plus loin des cribleurs qui permettent, après la dessiccation, de parachever finalement le triage du thé, et de le répartir en variétés, ou *sortes* commerciales.

5. — FERMENTATION

a) Généralités.

C'est surtout au sujet de cette phase de la préparation du thé que les recherches scientifiques récentes ont apporté des données nouvelles qui permettent de raisonner, et de mieux conduire, les opérations empiriquement pratiquées jusqu'ici.

Il y a quelques années, ce stade de fermentation pouvait paraître d'importance relativement secondaire ; systématiquement omis dans la préparation du thé vert, il l'était parfois aussi, en apparence tout au moins, dans celle du thé noir. Je dis *en apparence*, car, en réalité, cette fermentation se produit très facilement d'elle-même, au cours du flétrissage et du roulage, et peut passer inaperçue ; mais elle ne peut alors être réglée d'une manière satisfaisante.

Tandis que certains autres stades de la fabrication du thé, comme le roulage et la dessiccation, mettent surtout en œuvre des agents physiques, la fermentation, de même que le flétrissage, consiste en transformations chimiques spontanées, qui s'accomplissent d'elles-mêmes dans les feuilles sous la seule réserve que les conditions extérieures soient satisfaisantes.

La fermentation s'effectuant ainsi d'elle-même, sans apport d'éléments extérieurs (sauf dans l'emploi des procédés perfectionnés dont je parlerai plus loin), le seul rôle du fabricant de thé est de placer les feuilles dans des conditions favorables. Toutes les manipulations à effectuer dans ce but consistent dans un épandage en couche mince, et dans la prise des mesures

8

nécessaires pour que la température des chambres de fermentation, et des feuilles elles-mêmes, reste assez basse. L'élévation de la température nuit très sensiblement à l'arome du thé.

Dans l'ignorance où l'on s'est trouvé jusqu'ici de la nature exacte de cette fermentation, on l'a toujours pratiquée de la façon la plus primitive (1).

Les feuilles ayant été soumises à la dessiccation modérée qui les flétrit, puis au roulage qui les meurtrit et au criblage qui contribue à les briser, sont étendues en couche mince sur une aire, ou dans des sortes de bacs (*tampirs* de Java). Parfois, on les recouvre d'une toile mouillée qui prévient ou atténue l'échauffement qu'elles subissent naturellement dès qu'elles sont abandonnées à elles-mêmes. La fermentation qui s'établit alors spontanément fait varier la teinte des feuilles ; on l'arrête dès qu'elle leur a communiqué la teinte qui, d'après l'expérience, indique que l'opération a atteint son point optimum. Cet arrêt de la fermentation est réalisé par le transport des feuilles dans une étuve, où elles sont soumises à une très haute température qui les dessèche complètement. Le thé est alors prêt à être définitivement trié, puis empaqueté.

Le but exact de cette fermentation restait ainsi, tout récemment encore, assez mal déterminé. Elle contribue à donner aux feuilles de thé la couleur désirée, mais est-elle sans influence sur la force de la liqueur infusée, et surtout sur l'arome, qualité essentielle qui détermine pour la plus large part la valeur commerciale du produit ? Nous verrons dans la suite que, de toutes les phases de la préparation du thé, c'est celle dont nous nous occupons actuellement qui a, en réalité, le plus d'importance pour le développement et le maintien de cet arome.

Ainsi qu'il est facile de s'en rendre compte par la lecture des travaux spéciaux, les planteurs de thé eux-mêmes paraissent le plus souvent assez peu renseignés sur les meilleures méthodes

---

(1) Je dois faire remarquer, par contre, que certaines factoreries, de l'Inde notamment, étaient arrivées par tâtonnements à suivre des méthodes de travail qui sont parfaitement d'accord avec les découvertes récentes.

à suivre pour assurer une bonne fermentation. Jusqu'ici, l'empirisme seul a été consulté, et une longue pratique a toujours été nécessaire pour savoir comment il faut la conduire, dans telle ou telle contrée et à tel ou tel moment, car il est reconnu qu'elle doit être dirigée différemment suivant les conditions climatériques.

Les méthodes suivies sont assez variables et, avant d'aller plus loin, il est nécessaire d'exposer les principales données expérimentales acquises sur ce sujet.

Pour que la fermentation produise tout son effet, il importe d'abord que les feuilles soient jeunes et assez fines ; les plus vieilles et les plus grossières, et, d'une manière générale, celles qui sont dures et sans sève, prennent difficilement la couleur considérée comme caractéristique d'une bonne fermentation. Les feuilles étant dûment choisies, il faut qu'elles soient brisées, ou tout au moins meurtries ; les cellules rompues peuvent ainsi mêler leurs sucs, et c'est dans les changements ultérieurs provoqués par l'action réciproque de ces sucs que réside tout le mystère de la fermentation. Cette rupture des cellules est produite généralement par le roulage des feuilles, dont j'ai parlé ci-dessus, et qui est pratiqué soit à la main, soit à la machine ; d'après R. Fortune, les Chinois arriveraient parfois au même résultat en battant les feuilles et les remuant à plusieurs reprises, mais nous n'avons pas à nous occuper, pour le moment, de ces procédés asiatiques. Après, ou même au cours de ce traitement, si ce n'est même dès le flétrissage, les feuilles ne tardent pas à changer de couleur, surtout si elles sont placées au large contact de l'air ; elles se colorent plus vite si elles sont restées moites que si elles sont devenues sèches. En même temps, l'arome se développe ; ces transformations sont dues à une *fermentation*, que l'on s'empresse de favoriser et d'achever immédiatement après le roulage, et c'est d'après le degré d'intensité qu'acquièrent les deux caractères : couleur et arome, que l'on juge du moment auquel il faut l'arrêter.

Cette fermentation a le plus souvent lieu dans des salles disposées à cet effet, c'est-à-dire réalisant les conditions reconnues pratiquement les meilleures pour le développement de la couleur et de l'arome dans les feuilles.

Parfois, elle se pratique en plein air ; les feuilles sont alors étendues en couches minces, sur des claies ou des toiles, et abandonnées ainsi à elles-mêmes jusqu'à ce qu'elles aient acquis la couleur et l'arome désiré. Mais cette méthode est très défectueuse, et, le plus souvent, les factoreries possèdent des salles de fermentation spéciales ; il en est toujours ainsi dans les Indes anglaises et à Ceylan, notamment. Des murs épais doivent assurer à cette salle une fraîcheur constante, et tous les moyens possibles doivent etre mis en œuvre pour favoriser cette fraîcheur. L'un de ces moyens, aussi simple qu'efficace, consiste à tendre devant les fenêtres des toiles constamment mouillées. L'air doit circuler librement dans les salles de fermentation, et la lumière doit toujours y être très modérée. Une aire cimentée, en pente, doit être préférée à un plancher ; celui-ci se nettoie difficilement, et nous verrons bientôt que la facilité du nettoyage est ici de la plus haute importance, la propreté de la salle devant même tendre à l'asepsie.

Les feuilles, aussitôt après le criblage, doivent être étendues en couche mince sur cette aire. L'épaisseur de la couche doit varier avec le moment de l'année, l'état de l'atmosphère et la localité où est située la factorerie (l'altitude joue ici un grand rôle) ; son épaisseur moyenne doit etre de 0 m. 08 *environ* ; la chaleur et l'humidité favorisant la fermentation, et celle-ci s'effectuant avec d'autant plus d'intensité que l'épaisseur de la couche est plus grande, tout en restant dans les limites nécessaires à l'aeration de la masse, on doit s'inspirer de tous ces faits pour régler l'épaisseur suivant le lieu et le moment ; elle peut varier entre 0 m. 04 et 0 m. 12 environ.

Il est bon de recouvrir la couche de feuilles d'une toile mouillée pour pallier à l'échauffement, qui ne tarde pas à engendrer la fermentation ; cette pratique est préférable au brassage de la main, usité parfois dans le même but. Conformément à l'avis de K. BAMBER, il est préférable de ne pas mettre cette toile directement sur les feuilles, mais de la faire porter sur une sorte de châssis en bois, isole du sol par des montants de 0 m. 30 à 0 m. 40 environ ; des montants courts sont préférables, en ce sens qu'il est facile de les rehausser lorsqu'on veut augmenter l'épaisseur de la couche de feuilles. Cette toile se salit ainsi moins vite, et elle ne peut contaminer aussi facilement la masse, en y introduisant des germes de putréfaction. Des transformations d'ordre putréfactif se manifestent, en effet, trop souvent pendant la fermentation et peuvent nuire considérablement à la qualité du produit ; elles sont imputables à des microbes, tandis que la fermentation normale parait devoir se faire sous l'influence exclusive de l'enzyme.

La température de la couche de feuilles tend, malgré toutes les précautions, à s'élever ; elle ne doit jamais dépasser 29° C. (1). La chaleur de l'atmosphère, son humidité, la qualité des feuilles et leur degré de sécheresse sont autant de facteurs qui influencent la durée de l'opération. La région et le moment de l'année contribuent aussi à indiquer, d'après l'expérience acquise, la durée la plus favorable, en l'absence du contrôle chimique qui, tôt ou tard, se substituera aux évaluations empiriques.

On arrête cette fermentation lorsque la couleur des feuilles est jugée satisfaisante. Tantôt on la pousse jusqu'à ce que celles-ci aient atteint une belle couleur cuivrée ou bronzée ; tantôt, comme dans certaines factoreries de Ceylan, on préfère interrompre la fermentation avant que cette couleur ne soit entièrement acquise, c'est ce que l'on appelle « passer au feu à l'état vert ». Dans ce cas, on peut interrompre l'opération quand les plus petites feuilles de la masse, qui se colorent le plus vite, ont complètement atteint la coloration cuivrée. Ces thés seraient, parait-il, plus amers, et ceci se comprendra facilement lorsque nous aurons vu quelle action exerce la fermentation sur le principe amer et astringent par excellence : le tanin.

Une fermentation trop prolongée peut diminuer ou même détruire l'arome ; elle favorise, en outre, le développement de la putréfaction que j'ai signalée plus haut.

(1) Voir plus loin les résultats des recherches de NANNINGA sur l'influence de cette température.

Comme nous l'avons vu ci dessus, cette fermentation n'est pas toujours achevée en une seule fois. Pour certaines feuilles, tout au moins, il est procédé à deux ou trois roulages et criblages, dans l'intervalle desquels intervient une fermentation réglée ou non. C'est ce qui explique que certaines factoreries puissent éviter, en apparence, le stade *fermentation;* les feuilles y sont soumises à plusieurs roulages et criblées entre chacun de ceux-ci ; une fermentation se développe pendant ces manipulations, elle reste très imparfaite, et la qualité du produit obtenu s'en ressent. Mais dans la plupart des cas il n'en est pas ainsi, et l'on paraît gagner à faire subir une légère fermentation aux feuilles qui sortent d'un roulage avant de leur en faire subir un second. Dans tous les cas, soit après le dernier roulage, si celui-ci a suivi la fermentation, soit directement après celle-ci, la masse doit être immédiatement portée aux dessiccateurs, dans lesquels elle est soumise à une température élevée qui arrête la fermen-tation en même temps qu'elle fait disparaître toute trace d'humi-dité et permet ainsi la conservation du thé.

Nous avons vu (p. 50) que les recherches de Kelway BAMBER ont établi, de la manière la plus nette, le rôle capital de l'enzyme, ou théase, dans la fermentation du thé, et ont, au contraire, écarté l'idée d'une intervention normale des microbes; d'après nos connaissances actuelles, ceux-ci n'interviennent que comme agents nocifs, de même que les ferments de maladies pour les boissons fermentées. Nous avons vu également, en exposant les recherches de BAMBER, MANN, NEWTON, que la quantité d'enzyme est en rapport direct avec la qualité du thé. J'insisterai bientôt tout particulièrement (p. 122) sur les rapports de l'enzyme et de la fermentation.

Toutes les données empiriquement acquises sur la fermenta-tion du thé et la manière de la diriger concordent parfaitement avec ce que nous savons des propriétés de cette enzyme. Les conditions générales requises pour l'obtention d'un bon produit, et en particulier pour la marche d'une bonne fermentation, coïncident avec celles qui sont nécessaires à l'action de l'enzyme. Nous voyons même que le meilleur thé est fait avec celles des feuilles qui en contiennent le plus, et si la tige, riche en enzyme, est impropre à la fabrication du thé, c'est parce qu'elle ne renferme pas, comme la feuille, les matériaux sur lesquels doit porter l'action de cette enzyme.

Nous voyons ainsi, soit dit en passant, à quel point il serait peu rationnel de convertir en thé vert des feuilles riches en théase, ce précieux élément de la fabrication d'un bon thé noir se trouvant complètement détruit au cours du chauffage à haute température par lequel débute la préparation du thé vert.

Aération. — Un fait connu depuis un certain temps est la nécessité d'un libre accès d'oxygène ou d'air, pour que la fermentation puisse s'effectuer.

Bamber le démontra le premier, je crois, en plaçant des feuilles fraîchement roulées sous une cloche dans laquelle il faisait ensuite le vide. Au bout de quelques heures, la couleur brune caractéristique de la fermentation n'était pas encore apparue, et, après ouverture de la cloche, c'est à peine si l'on constatait l'existence de traces d'arome. Exposées au grand air, ces mêmes feuilles fermentaient et brunissaient comme d'habitude. Il convient d'ajouter que les recherches de Mann ont montré qu'une addition directe d'oxygène sous forme active est incapable d'accélérer ou de régulariser la fermentation.

Van Romburgh et Lohmann [1], placèrent des feuilles fraîchement roulées dans une atmosphère d'acide carbonique; le résultat était identique à celui de l'expérience de Bamber : la fermentation ne pouvait se développer. Il est donc bien évident que l'oxygène est ici nécessaire.

Pour écarter l'hypothèse, parfois soutenue, d'une intervention utile des microorganismes, ces mêmes auteurs placèrent des feuilles roulées dans une atmosphère saturée de chloroforme. La présence de cet anesthésique devait forcément paralyser les microorganismes. Or, il se produisit, dans ces conditions, une excellente fermentation; celle-ci n'est donc pas microbienne.

Nous comprenons encore mieux, maintenant, pourquoi cette fermentation pouvait être excellente; de nombreux microbes tendent à se développer pendant la fermentation des feuilles,

les uns sont indifférents, mais les autres sont nuisibles, et
l'effet du chloroforme, en entravant l'action de ceux-ci, est de
favoriser une fermentation diastasique en milieu aseptique (1).

Dans d'autres essais, Van Romburgh et Lohmann [1], placèrent
des feuilles humides, non roulées, dans une atmosphère chloroformique. Ces feuilles s'amollirent rapidement, en devenant le
siège d'une transpiration abondante; en même temps, leur
teinte se modifiait, d'abord sur les pétioles et les nervures, surtout à la face inférieure de la feuille, puis celle-ci devenait
entièrement brune. Après avoir éloigné les vapeurs de chloroforme, il était facile de percevoir l'existence d'un arome très fin.

Le chloroforme avait ainsi produit le même effet que le roulage; de même que celui-ci, il tue les cellules, dont les parois
deviennent dès lors perméables et permettent le mélange des sucs
cellulaires, qui entraîne la *fermentation*. Cette action s'exerce
très rapidement; un simple contact des feuilles avec les vapeurs
chloroformiques suffit à la produire. L'éther exerce la même
influence, mais avec moins d'intensité. Van Romburgh et
Lohmann, expérimentèrent encore l'action de la formaldéhyde et
de l'acide cyanhydrique; ils sont peu explicites au sujet de ces
deux agents, qui ne paraissent pas agir comme le chloroforme.

D'autre part, ils placèrent des feuilles fraîches, non roulées,
dans une atmosphère saturée de chloroforme, mais privée
d'oxygène; la turgescence de la feuille disparaissait, en même
temps qu'une transpiration abondante s'établissait, mais la couleur brune caractéristique de la fermentation n'apparaissait pas.

Les feuilles en place sur l'arbuste se comportent de la même
façon que les feuilles cueillies. Une branche de thé maintenue
au contact du chloroforme meurt rapidement, et la couleur
brune s'y développe.

Ces recherches ont conduit Van Romburgh et Lohmann à des
résultats qui intéressent la question, maintes fois débattue, des

_____

(1) Dans ces recherches et dans celles de Nanninga (v. plus loin), il n'est pas fait
mention de l'action bien connue du chloroforme sur les fermentations diastasiques, que cet agent retarde ou entrave même complètement. Je reviendrai sur
ce fait.

conditions physiologiques et plus spécialement des conditions
respiratoires, dans lesquelles se trouve la feuille après qu'elle
ait été cueillie, et au cours de ses manipulations.

Ils portaient 20 grammes de feuilles fraîches dans un vase ;
au bout d'une heure, il s'en était dégagé 27 milligr. 5 d'acide
carbonique. Elles furent alors maintenues dans un courant
d'air imprégné de chloroforme. La coloration brune s'y déve-
loppait, et devenait complète au bout de trois heures. Le déga-.
gement d'acide carbonique était :

			Milligrammes.	
Une	heure après l'arrivée des vapeurs du chloroforme. .	de 7	
Deux	—	—	. .	6,5	en plus
Trois	—	—	. .	5,5	—
Quatre	—	—	. .		
Cinq	—	—	. .	9	—
Six	—	—	. .		
Pendant les seize suivantes.			11	—
— vingt-quatre heures suivantes.			5	—
Total. . . .			41	

Les feuilles furent ensuite portées dans un courant d'hydrogène (purifié par le permanganate de potasse, une solution
alcaline, et l'acide pyrogallique).

Dans la première heure, il ne se dégageait pas d'acide carbonique.

Le courant d'hydrogène fut alors imprégné de chloroforme.
La coloration brune ne se montra pas, non plus que le dégagement d'acide carbonique. On remplaça alors le courant d'hydrogène par un courant d'air purifié sur la potasse ; les phénomènes fermentatifs commençaient, ainsi que le développement
d'acide carbonique, qui était de :

8 milligr.			après la première heure de courant d'air ;
6	— en plus	—	deuxième	—
3	— —	—	troisième	—
			quatrième	—
6	— —	--	cinquième	—
			sixième	—

Pendant les trente heures suivantes, il s'en dégageait encore 14 milligrammes, soit un total de 37 milligrammes.

Il parait donc qu'il y ait pendant la fermentation, comme suite de l'oxydation, un dégagement d'acide carbonique, et en même temps une élévation de température.

D'après les mêmes savants, l'influence de l'oxygène sulfuré sur la feuille verte est très remarquable. Sous cette influence, les feuilles ne brunissent plus, mais elles acquièrent une odeur spéciale, rappelant celle du mercaptan (1). La respiration ne paraissait pas être très gênée par ce gaz, ainsi que le montre le tableau suivant :

	Acide carbonique dégagé en une heure	
	1er lot	2e lot
Avant traitement par l'hydrogène sulfuré.	29 milligr.	30 milligr.
Après — —	23	23

Lorsqu'on fait arriver sur les feuilles fraiches, avant ou pendant le traitement chloroformique, un courant d'hydrogène sulfuré, le brunissement et le dégagement d'acide cessent tous deux ; en d'autres termes, la fermentation s'arrête ; *de très petites quantités d'hydrogène sulfuré suffisent à produire ce résultat* (2). Cependant, des feuilles encore adhérentes à l'arbre, traitées d'abord par ce gaz, et quelque temps ensuite avec le chloroforme, brunirent et cessèrent entièrement de vivre. Nous reviendrons plus loin sur l'étude approfondie des transformations subies par la feuille au cours de la fermentation chloroformique.

b) Rapports de l'enzyme et de la fermentation.

La nature et la cause de la fermentation spontanée qui se produit dans les feuilles de thé, après le roulage, a préoccupé, depuis plusieurs années, un certain nombre de chercheurs. On

(1) Éther sulfhydrique, sulfhydrate d'éthyle.

(2) Il est donc absolument essentiel de supprimer au voisinage des factoreries tout foyer, putréfactif ou autre, capable de dégager de l'hydrogène sulfuré

a supposé tout d'abord (Johnston) que les changements subis au cours du processus dit de fermentation étaient dus à l'action exercée par l'oxygène sur la sève de la feuille; ceci était exact en principe, mais la cause de cette oxydation restait à définir.

Kozai émit ensuite la supposition que ces modifications devaient être dues à des micro-organismes. Nous avons vu que K. Bamber établit enfin l'existence d'un ferment soluble ou enzyme, dont le rôle parait être ici exclusif.

Les discussions récentes ont surtout visé le rapport de l'enzyme et de l'arome du thé. Nous avons déjà vu que les recherches de Mann tendent à établir un rapport direct entre la quantité d'enzyme et la qualité définitive du produit, qualité dans laquelle l'arome joue le rôle principal.

Sans vouloir émettre d'opinion définitive à ce sujet, K. Bamber[3] pense que l'enzyme doit avoir plus de rapport avec la couleur et la force qu'avec l'arome. « Prenons, dit-il, le cas du thé vert. La feuille est amenée directement de la plantation et soumise aussitôt à une température capable de prévenir l'action de toute enzyme, et cependant, ce thé vert possède un arome, distinctif même de sa provenance. D'autre part, une telle feuille ne peut plus acquérir la couleur du thé noir, ce qui prouve aussi que l'effet de l'enzyme porte sur la couleur et la force plutôt que sur l'arome. »

« Je pense, ajoute K. Bamber, que le parfum du thé est probablement dû à l'huile essentielle..., il n'y a pas de doute que l'arome ne soit plus manifeste après la dessiccation définitive à haute température, au cours de laquelle l'huile se trouve exposée à un courant d'air chaud. Ceci peut montrer que cette huile a probablement subi une légère oxydation et a développé un arome qui ne peut être observé dans le thé non chauffé... Il est possible qu'une action chimique similaire prenne place durant le processus d'oxydation et peut-être avec l'aide de l'enzyme. »

Quoi qu'il en soit, il parait maintenant évident que, conformément à l'opinion de Mann, l'enzyme soit en rapport direct avec l'arome; et, selon toute probabilité, c'est l'action de l'enzyme sur l'huile essentielle et sur le glucoside (v. p. 15) qui favorise la formation de nouveaux corps aromatiques.

Il est, d'ailleurs, un autre point de vue qui peut contribuer encore à faire admettre le rapport de l'enzyme et de l'arome : c'est celui de la nécessité dans le sol, de certains éléments spéciaux, pour l'obtention d'un thé convenablement aromatique; il est, je crois, facile de voir que ces éléments ne doivent agir que par le renforcement de l'action de l'enzyme.

« Je trouve, dit K. BAMBER [3], après les expériences faites sur d'innombrables spécimens de sols à thé, que le manque de parfum est presque toujours invariablement lié à l'absence de sous-oxyde de fer... Mes expériences montrent que le sol sur lequel un thé de six pence a poussé ne possède pas ce sous-oxyde; que celui d'un thé de sept pence en possède des traces; que celui d'un thé de huit pence en possède une certaine quantité, tandis que dans le cas d'un thé de neuf pence à un shilling, il y en a toujours en abondance. »

Les nouvelles défriches de forêt renfermant beaucoup plus de fer que les sols cultivés depuis longtemps, on comprend que l'arome du thé produit sur ces nouvelles défriches soit particulièrement bon.

Le même auteur a attiré l'attention sur le rôle du manganèse dans la production de l'arome. Ce rôle est comparable, en tout point, à celui du fer. Les recherches de G. BERTRAND établissent d'une manière précise le rôle du manganèse dans l'action des oxydases; il est tel qu'en son absence les ferments oxydants n'ont qu'une très faible influence, comparable à celle que possède le manganèse par lui-même, tandis que l'action conjointe des oxydases et du manganèse provoque une oxydation vingt à trente fois plus forte. En un mot, le véritable élément actif des oxydases, celui qui fonctionne à la fois comme convoyeur et metteur en œuvre de l'oxygène, c'est le manganèse, dont la quantité augmente l'activité oxydante de l'enzyme.

MANN a enfin établi que l'enzyme varie avec la quantité d'acide phosphorique (v. ci-dessus, p. 61).

Ce paraît donc être d'une manière indirecte, et par suite de leur influence sur l'activité de l'enzyme, que ces éléments : fer, manganèse et acide phosphorique, agissent sur la qualité du thé. Nous trouvons ici une application frappante et riche de conclusions pratiques, de la théorie d'après laquelle toutes les enzymes doivent leur activité à des éléments minéraux.

c) Transformations subies par le thé au cours de la fermentation.

Des quatre éléments constitutifs principaux du thé : tanin, huile essentielle, théine et glucoside: c'est le premier qui subit, à certains points de vue tout au moins, les transformations les plus considérables. L'huile essentielle et le glucoside subissent également des transformations, qui paraissent intimement liées à la production de l'arome; mais c'est surtout la teneur en tanin qui est modifiée par la fermentation. Après le tanin, c'est surtout la glucoside qui subit d'importantes modifications.

NANNINGA [4] trace le tableau suivant de ces phénomènes fermentatifs :

« Après le roulage, nous voyons les pétioles, puis les feuilles, devenir graduellement brunâtres, en même temps que se développe l'arome caractéristique du thé récemment fermenté. Les actions chimiques et mécaniques qui prennent place lors de la fermentation, sont principalement les suivantes : l'action du tanin est, en grande partie, une action mécanique, analogue à celle qu'il remplit comme mordant en teinturerie. Dans ce dernier cas, l'étoffe à teindre est soumise pendant quelque temps à l'action du tanin; celui ci se fixe mécaniquement sur le tissu et lui communique la propriété de retenir les couleurs. Dans le roulage et la fermentation du thé, le tanin se fixe sur l'albumine de la feuille, et cette feuille acquiert dès lors la propriété de retenir le produit de décomposition du glucoside (v. ci-dessus, p. 45). Cette décomposition s'effectue soit par l'effet d'un ferment (oxydase), soit par action catabolique...; la fermentation peut,

du reste, avoir lieu en dehors de la présence du protoplasme
vivant. »

Quel que soit le mode de disparition ou de transformation du
tanin, il n'en est pas moins vrai que sa teneur rétrograde considérablement pendant la fermentation. BAMBER [2] a observé une
rétrogradation de 41,70 à 50 pour 100.

Comme exemple des modifications que subissent ainsi les
divers éléments du thé, nous citerons les résultats obtenus par
KOZAI. Pour étudier ces modifications, cet auteur préleva une
grande quantité de feuilles dans une plantation donnant un
produit de qualité régulière; il les mêla très exactement, puis
en sépara trois lots de 1.500 grammes chacun, qu'il traita de la
manière suivante :

Un premier lot fut séché directement à 85° C. Un second fut
converti en thé vert, préparation qui diffère peu d'une simple
dessiccation, au point de vue chimique tout au moins. Un troisième fut enfin transformé en thé noir, c'est-à-dire *fermenté*. Le
thé séché directement et le thé noir accusèrent les différences
suivantes :

Éléments	Feuilles séchées	Thé noir
Albumine brute	37,33	38,90
Substances fibreuses	10,44	10,27
Extrait éthéré.	6,49	5,82
Autre extrait non azoté . . .	27,86	35,39
Cendres	4,97	4,93
Théine	3,304	3,300
Tanin	12,91	4,89
Éléments solubles dans l'eau.	50,97	47,23
Azote total	5,97	6,22
Albumine	4,11	4,11
Amidon	0,91	0,12

Cet exemple montre, comme le précédent, que la fermentation
provoque surtout une perte considérable en tanin, tandis que
les autres éléments sont relativement peu modifiés.

Ainsi que j'ai déjà eu l'occasion de le dire, ce sont surtout les

recherches de Van ROMBURGH, LOHMANN et NANNINGA, faites à .
Buitenzorg (Java), qui nous renseignent avec le plus de détail
sur les transformations subies par le thé, au cours de sa préparation, et, notamment, pendant la fermentation. Les procédés et
les résultats de ces recherches ont été magistralement exposés
dans les *Korte berichten uit's lands plantentuin*, de Buitenzorg,
que nous suivrons ici presque pas à pas.

d) Recherches de A.-W. Nanninga.

La méthode qui paraît être la meilleure pour suivre les
transformations subies par la feuille, est celle de l'*extraction* ou
épuisement par divers agents, c'est-à-dire de la dissolution
successive des éléments constitutifs dans des liquides appropriés
à chacun d'eux. Dans ce but, il convient de commencer par
dessécher artificiellement la feuille (v. p. 20), de manière à
pouvoir lui ajouter ensuite une quantité d'eau parfaitement
connue; certaines dissolutions se font mieux, en effet, en présence de l'eau. NANNINGA en ajoutait à la feuille desséchée et pulvé-
risée, une quantité telle que la masse en contienne 20 pour 100.
Il pratiquait ensuite l'épuisement, dans l'extracteur de SOXHLET,
avec le chloroforme, l'éther sulfurique, l'éther acétique, l'alcool
et l'eau.

Comparaison entre la feuille séchée et la feuille fermentée. —
Pour établir cette comparaison, NANNINGA prit deux lots de
feuilles aussi identiques que possible. L'un était immédiatement
desséché, sans fermentation, à une température de 100° C. L'autre
était converti en thé noir, c'est-à-dire fermenté, après un flétrissage tel que sa teneur eau soit réduite de 35 pour 100; son roulage était pratiqué à la main et sa fermentation durait trois
heures, la température extérieure restant à peu près constante
et égale à 27 ou 28° C. Sa dessiccation était pratiquée, comme
celle du premier lot, à 100° C.

Les quantités de matières solubles extraites par les dissolvants précités furent les suivantes :

	a) Feuilles séchées	b) Feuilles fermentées (thé noir)
Extrait chloroformique.	9,0 pour 100	8,6 pour 100
— éthéré	21,8 —	3,0 —
— à l'éther acétique	8,0 —	7,2 —
— alcoolique	11,2 —	12,5 —
— aqueux.	12,4 —	18,2 —
— total	62,4 —	49,5 —
Reste déterminé	38,2 —	49,9 —
— calculé.	37,6 —	50,5 —
Théine (en extrait chloroformique)	3,8 —	3,76 —
Cendres (en extrait alcoolique) . .	1,0 —	0,2 —

Voyons quels sont les éléments que contiennent ces divers extraits; cette notion est également applicable aux exemples suivants et est nécessaire pour en comprendre toute la portée.

L'extrait chloroformique paraît contenir toute la théine, ainsi que la résine, la cire, la chlorophylle, etc. Il est à peu près équivalent dans les deux cas, mais, dans celui du thé noir, la chlorophylle doit être moins abondante, puisqu'elle est partiellement détruite par la fermentation.

L'extrait éthéré contient en *a* la presque totalité du tanin libre, et, en outre, un peu de chlorophylle et de résine. En *b*, il contient encore un peu de tanin et une faible quantité de chlorophylle et de résine; la plus grande partie du tanin a ici disparu sous l'effet de la fermentation.

L'extrait à l'éther acétique contient encore, en *a*, un reste de tanin libre (après lavage à l'éther, on peut en retirer un demi pour 100), et un composé renfermant du quercitrin et un peu de tanin; ce composé existe à la dose de 0,9 pour 100, il est insoluble dans l'eau, mais devient soluble en présence du tanin.

Ce même extrait contient une certaine quantité de tanin anhydre; lorsque la température de dessiccation dépasse 100° C., le tanin passe d'autant plus à l'état anhydre que cette opération est plus longue ; l'extrait éthéré en renferme moins alors, tandis que l'extrait à l'éther acétique en renferme davantage. Lorsqu'on dessèche très prudemment, ou qu'au lieu de la chaleur on emploie des déshydratants comme la chaux ou l'acide sulfurique, la teneur en tanin anhydre de l'extrait à l'éther acétique est très faible.

Cet extrait possède en *b* une composition voisine de ce qu'elle est en *a*, mais sa couleur est brunie par les produits de fermentation.

L'extrait alcoolique de *a* contient le glucoside dont nous avons déjà parlé (p. 43 et suiv.), plus une petite quantité d'autres substances, telles que du tanin anhydre (0,4 pour 100 après lavage à l'éther acétique) et une très faible quantité du composé quercitrinique précité.

L'extrait alcoolique de *b* contient un léger reste de glucoside (1) et une grande quantité de produits fermentés provenant du tanin et du glucoside, produits qui sont partiellement solubles dans l'eau ; cette solution aqueuse a une saveur très amère et fort désagréable.

L'extrait aqueux de *a* contient principalement tous les composés à base de potasse présents dans la feuille (pectinate, oxalate, phosphate), et des pentosanes, matières relativement peu importantes, mais qui se retrouvent dans l'infusion ordinaire du thé.

L'extrait aqueux de *b* contient les mêmes éléments, mais en outre une grande quantité de produits fermentés, très facilement solubles à chaud, très peu solubles à froid, et dont une partie disparaît souvent de l'infusion pendant le refroidissement. La couleur de cet extrait est brunâtre, son goût est âcre et amer. De même que le précédent, il contient une grande quantité de substances azotées et une certaine dose de potasse provenant, dit NANNINGA, de la décomposition du glucoside.

Enfin, le résidu insoluble de la feuille séchée sans fermentation contient principalement l'albumine insoluble dans l'eau, la matière cellulosique, l'amidon et les matières pectiques.

(1) NANNINGA en juge d'après la teneur en potasse (0,2 pour 100).

Celui du thé fermenté est souvent plus considérable que le précédent (de 11,7 pour 100 dans les expériences de NANNINGA); il contient les mêmes matières, et, en outre, des produits fermentés provenant du tanin et du glucoside.

Il est bien évident que plus ce reste insoluble est considérable, moins l'infusion doit être forte et consistante. Il est donc d'un grand intérêt, pour le fabricant de thé, de réduire au minimum ce résidu insoluble, surtout s'il veut produire un thé assez fort.

Comparaison entre les feuilles directement séchées, le thé noir, et des feuilles fermentées artificiellement. — La fermentation artificielle dont il s'agit ici, consiste en un traitement de la feuille fraîche par le chloroforme, en présence de l'air, traitement dont j'ai déjà eu à parler (p. 119).

Les trois échantillons de feuilles étaient exactement semblables, et provenaient de la variété d'Assam. Le séchage en fut pratiqué à une température identique (100-105° C.). Le thé destiné à subir la fermentation naturelle (échantillon *b*) fut, après le flétrissage, roulé à la main, puis fermenté pendant trois heures à 26-27° C., en couche très mince, sur un *tampir* (1). La teneur d'eau, après flétrissage, était ramenée à 67 1/2 pour 100 de ce qu'elle était primitivement.

Les feuilles destinées à la fermentation artificielle (échantillon *c*) furent exposées pendant deux heures à l'action du chloroforme, puis séchées comme les feuilles naturelles.

D'après les chiffres de NANNINGA nous voyons ici que :

1° La composition des échantillons *b* et *c* n'est pas du tout la même. L'extrait alcoolique est plus faible en *b*, tandis que l'extrait aqueux y est plus grand. L'extrait total, ainsi que l'extrait éthéré, sont plus faibles en *c* qu'en *b*, il y a donc eu moins de matières solubilisées pendant la fermentation chloroformique que pendant la fermentation naturelle.

2° L'extrait éthéré a fortement diminué pendant les deux fer-

---

(1) Sorte de bac à fermentation, très plat, sur lequel les feuilles sont étendues à Java, au lieu de l'être sur une aire, comme dans l'Inde ou à Ceylan.

mentations. Le tanin libre a tout à fait disparu en *c*, et presque entièrement en *b*.

3° L'extrait à l'éther acétique de *a* (feuilles séchées directement) est un peu plus faible qu'en *b* et en *c*, ce que NANNINGA explique par une dessiccation relativement plus intense de ce dernier à haute température, *c* étant plus vite sec que *a*, et ayant été cependant chauffé pendant le même temps.

4° Les extraits alcooliques des deux échantillons fermentés sont plus grands que ceux de *a*. La cause en est dans la présence de produits fermentés solubles, qui n'existent pas en *a*. NANNINGA fait remarquer que la quantité de cendres des extraits alcooliques de *b* et *c* est très réduite par rapport à celle de *a*, ce qui est dû à la décomposition du glucoside pendant la fermentation; celui-ci renfermant de la potasse, les cendres seront d'autant plus abondantes qu'il y a plus de glucoside.

5° Les extraits aqueux sont beaucoup plus considérables dans les échantillons fermentés; une grande partie, tout au moins, des produits de fermentation sont solubles dans l'eau, et l'importance de ce fait au point de vue pratique est évidente par elle-même.

6° La dose d'extrait total est, en définitive, diminuée en *b* et en *c*; la fermentation en est cause.

7° La recherche de l'azote dans les divers extraits a montré à NANNINGA que la teneur en théine, ainsi qu'en albumine soluble ou insoluble, ne change que très peu pendant la fermentation. En ce qui concerne l'albumine, le même résultat a été obtenu par Van ROMBURGH et LOHMANN. Quant à l'alcaloïde, on peut conclure, semble-t-il, que la teneur des thés noirs (fermentés) et des thés verts (non fermentés) doit être la même; cependant ceux-ci passent avec raison pour être les plus *excitants;* cette différence d'action est probablement due à ce que l'huile essentielle, douée elle-même de propriétés agitantes, n'a pas été, dans le thé vert, attaquée et diminuée par la fermentation.

Les recherches que je viens d'exposer portaient sur un thé d'Assam; NANNINGA les reprit avec un thé de Java pour vérifier l'importance que la variété de la plante peut avoir sur les effets de la fermentation.

Les résultats de cette comparaison suggèrent les conclusions suivantes :

1° Des changements de même ordre interviennent au cours de la fermentation, naturelle ou artificielle, du thé d'Assam et de celui de Java.

2° La teneur en tanin libre est plus grande dans l'Assam que dans le Java.

3° Les extraits à l'éther acétique de *b* et de *c* étant plus faibles ici que dans l'expérience précédente; il paraît y avoir, dans le cas actuel, une moindre teneur en tanin anhydre.

4° La rétrogadation de l'extrait total, sous l'influence de la fermentation, est plus accentuée avec l'Assam qu'avec le Java ; ceci peut être dû à une différence dans l'intensité de la fermentation, se traduisant par la diversité des teneurs en produits fermentés plus ou moins solubles, et aussi à une teneur plus grande, dans l'Assam, en tanin et glucoside.

5° La différence en teneur de théine est très frappante entre les feuilles d'Assam et celles de Java, même cueillies dans des conditions rigoureusement identiques.

Tout ceci permet de concevoir en quoi des traitements équivalents peuvent aboutir à des différences de qualité dans le produit définitif, d'après l'origine des feuilles.

Influence de la durée de fermentation. — La marche de la fermentation étant subordonnée à des conditions variées : chaleur, altitude, qualité que l'on se propose d'obtenir, etc., il ne saurait être question de fixer sa durée une fois pour toutes ; cependant, il importe de se renseigner sur l'évolution des phénomènes fermentatifs pendant les délais qu'on leur assigne d'ordinaire. Ici encore, c'est à NANNINGA qu'on doit les recherches les plus complètes.

Il prit d'abord, dans une même plantation, une certaine quantité de feuilles (variété Assam), après qu'elles aient été parfaitement mélangées et roulées une première fois, et en préleva quatre échantillons identiques.

Le premier fut séché directement au-dessus d'un feu doux

(procédé primitif emprunté aux Chinois et parfois employé dans les factoreries européennes, notamment à Java); ce séchage, conduit par un ouvrier expérimenté, devait aboutir à la préparation d'une sorte de thé vert.

Le second échantillon fut étalé sur un bac plat (*tampir*), en couche mince, et fermenté pendant *une heure* à 26-27° C. Il fut ensuite séché par la même méthode que le premier échantillon.

Le troisième fut traité comme le second, mais avec fermentation de *deux heures*.

Le quatrième fut encore traité de la même façon, mais avec fermentation de *quatre heures*.

NANNINGA obtenait ainsi quatre lots d'origine identique, dont l'un n'a pas été fermenté et servira de terme de comparaison, tandis que les trois autres l'ont été pendant des laps de temps de plus en plus grands. Pour chacun de ces quatre lots, la durée du séchage fut la même.

Le résultat de leur traitement par les dissolvants usuels permet les conclusions suivantes :

1° L'extrait éthéré, qui contient surtout le tanin libre, diminue graduellement pendant la fermentation, et d'une quantité à peu près proportionnelle à la durée de celle-ci. Donc, plus longtemps un thé est fermenté, moins il renferme de tanin et moins il est astringent.

2° Les extraits à l'ether acétique sont ici très abondants par rapport aux résultats précédents. La cause en est, d'après NANNINGA, dans la forte chaleur subie par le thé au cours de sa dessiccation à feu nu ; cet excès de chauffage rend anhydre une partie du tanin libre, et ce tanin se retrouve dans ces extraits, qu'il rend ainsi plus abondants. Ceci étant acquis, nous voyons ces mêmes extraits rétrograder au fur et à mesure qu'avance la fermentation, par suite de la transformation de ce tanin.

3° La teneur en extrait alcoolique et en extrait chloroformique reste à peu près constante. Les éléments qui passent dans ces extraits restent donc à peu près indifférents à la durée de la fermentation.

4° L'extrait aqueux et le résidu insoluble augmentent tous deux constamment ce qui provient de l'augmentation progressive des éléments fermentés, solubles et insolubles. La marche de l'augmentation des extraits aqueux montre qu'au bout de quatre heures il n'y avait pas encore de surfermentation, celle-ci ayant pour effet de rendre insolubles certains éléments solubilisés.

Toutes ces conclusions furent corroborées par d'autres expériences de NANNINGA, dans le détail desquelles je ne puis entrer ici.

Leur bilan peut, en résumé, s'établir ainsi :

1° Il disparaît d'autant plus de tanin libre (élément principal de l'extrait éthéré) que la fermentation est plus longue.

2° Plus cette fermentation dure, plus il se produit d'éléments insolubles.

3° La quantité d'extrait aqueux augmente progressivement, mais jusqu'à une certaine limite seulement ; cette limite franchie, elle diminue.

On entrevoit donc la possibilité de fixer un critérium chimique du moment où l'on doit arrêter la fermentation, en tenant compte des conditions générales dans lesquelles elle s'effectue (flétrissage, température, etc.), et aussi des qualités spéciales (force et astringence notamment) que l'on se propose d'obtenir.

Influence de la température. — Cette influence a toujours été admise, et la pratique a suffi à en indiquer les principes les plus essentiels. Il faut que la fermentation s'effectue entre certaines limites de température, et comme, d'une part, la température ambiante est généralement élevée là ou on manipule le thé, et que, d'autre part, la température de la masse des feuilles tend à s'élever par le fait même de la fermentation, on a généralement reconnu la nécessité de maintenir aussi fraîches que possible les salles où elle s'opère.

Plusieurs auteurs ont cherché à déterminer exactement les conditions de température sous lesquelles doit s'effectuer la fermentation. Je ne retiendrai ici que les principales recherches faites sur ce sujet.

Kozai (Japon) observait que la température des feuilles, lors

de la fermentation, commence par s'accroître régulièrement, de
11° C., pendant deux heures et demie, puis rétrograde ensuite.
Il remarquait que la durée de cette fermentation dépend non
seulement de la nature de la feuille, mais aussi de la température de l'air ; plus celle-ci est élevée, plus la fermentation est
rapide. Il considérait une température de 40° C. comme étant
optima.

Van ROMBURGH et LOHMANN (Java) indiquent, d'une manière
générale, des chiffres plus faibles ; avec des feuilles de la variété
Assam, la température ambiante étant de 26° C., celle des feuilles
s'élève, dès le roulage, à 35° C. L'expérience des planteurs avait
déjà montré que cette élévation de température pendant le roulage est préjudiciable, et qu'il faut faire en sorte qu'elle se
réduise au minimum. Nous savons qu'elle est due à un commencement de fermentation, et que celle-ci ne saurait être
réglée d'une manière satisfaisante si elle se développe dès le
roulage. Cette augmentation préalable de 9° C. est donc l'indice
d'une manipulation défectueuse. Dans certaines recherches de
Van ROMBURGH, la température ne s'élevait que de 3° C. dans les
bacs à fermenter, et rétrogradait après s'être élevée pendant une
heure environ. Cette fermentation devait être probablement très
légère.

Pour suivre méthodiquement cette influence de la température, Van ROMBURGH et LOHMANN, refroidirent des feuilles jusque
vers 0°, et les traitèrent avec le chloroforme (v. ci-dessus, p. 119).
La coloration brune tardait beaucoup à se montrer ; elle se
manifestait rapidement, au contraire, lorsqu'on éloignait le
mélange réfrigérant. Au cours d'un essai fait en grand, dans
une fabrique, ces mêmes auteurs étalèrent les feuilles, préalablement roulées, dans des bacs à fermentation (tampirs), refroidis
à 10-12° C. ; la marche de l'opération était retardée par ce refroidissement, mais la préparation en ayant été achevée, le produit
fut estimé, par un expert, d'une meilleure qualité que le thé préparé, dans la même fabrique, suivant la méthode ordinaire. Les
feuilles traitées avec le chloroforme se colorèrent plus vite,
après élévation de la température, que celles qui n'avaient pas

été soumises à l'action de cet agent; la fermentation s'y trouvait
donc, en quelque sorte, stimulée.

C'est encore à Nanninga [6] que nous devons les recherches les
plus étendues et les plus précises sur ce sujet, et ce sont surtout ses recherches que nous exposerons ici.

La température ayant une influence manifeste sur la fermentation, cet auteur se demanda tout d'abord quel pouvait être l'effet
du chauffage (1) des feuilles lors du flétrissage, chauffage réalisé
dans certains procédés de flétrissage artificiel, comme le flétrissage par l'air chaud et humide, au cours duquel la feuille subit
une élévation de température très sensible (v. p. 83).

Pour connaitre exactement l'effet du chauffage préalable,
Nanninga emploie la méthode suivante : il répartit, dans un
certain nombre de fioles tarées de la poudre de feuilles obtenue
comme il a été dit précedemment (p. 20); chaque fiole en renferme 10 grammes; toutes ces fioles sont alors portées à l'étuve
et chauffées de la manière suivante :

a, échantillon témoin, non chauffé (température ambiante
$= 25°$ C.).

b, chauffé dix minutes à environ 40° C.

c,	—	50° C.
d,	—	60° C.
e,	—	70° C.
f,	cinq minutes	70° C.
g,	—	80° C.
h,	—	90° C.
i,	—	98-100° C.

Chaque échantillon de poudre de feuilles est ensuite refroidi
par étalage rapide à l'air, puis replacé dans sa fiole; celles ci
sont ensuite pesées, pour que l'on puisse connaître la quantité
d'eau évaporée pendant le passage à l'étuve. On ajoute alors,
dans chaque fiole, un poids d'eau double de celui de la poudre
sèche, et l'on verse le contenu dans un cristallisoir couvert. La

(1) Il s'agit ici, bien entendu, d'un chauffage modéré, insuffisant pour tuer
l'enzyme.

fermentation s'établit dans tous les cristallisoirs avec une intensité variable.

Après deux heures, *a* était déjà brunâtre et manifestait un
arome très prononcé; *c* était moins brun et d'un arome
médiocre; *e* restait invariable et sans le moindre arome.

Après quatre heures, *a* était devenu très brun, légèrement
nuancé de vert, et conservait beaucoup d'arome: *b* ne montrait
presque pas de différence avec *a*; *c* manifestait déjà plus de
différence et était plus vert et moins brun que *a*; *d* était nettement encore plus vert que *c*, avec moins d'arome que *a*; *e* restait
d'un vert encore mieux conservé; *h* et *i* étaient restés complètement verts et sans arome sensible.

Il est donc démontré expérimentalement, et d'une manière
directe, qu'un chauffage préalable à haute température, par
exemple pendant le flétrissage, peut entraver toute fermentation.
Les plus intéressantes, pour la pratique, sont les températures
inférieures à 60° C. (140° F.), attendu que, même lors d'un flétrissage artificiel au soleil ou à l'air chaud et humide, on n'observe
pas de températures plus élevées.

Dans une seconde série d'essais, NANNINGA expérimenta sur des
durées de chauffage plus prolongées, conformément au tableau
suivant :

a, non chauffé (température du laboratoire = 25-26° C.).

b, chauffé pendant une heure à environ 35° C.

c,	—	40° C.
d,	—	45° C.
e,	—	50° C.
f,	—	55° C.
g,	—	60° C.
h,	—	100° C.

Après fermentation de quatre heures, pratiquée comme précédemment, le résultat s'établissait ainsi :

a, très brun, avec teinte verte, arome fort.

b, identique à *a*.

c, moins brun, arome moins fort.

d, moins brun que *c*, et ainsi de suite jusqu'à *g*.

Ce dernier échantillon (*g*) était reste vert, avec très peu d'arome.

L'exposition, pendant une heure, à une température comprise entre 40° et 60° C. (104° à 140° F.), avait donc entravé la fermentation. Sans avoir directement étudié l'enzyme, NANNINGA admet que cette influence fâcheuse d'un excès de température provient de la sensibilité thermique de la matière active de la fermentation, c'est-à-dire du *ferment*. Celui-ci est, en effet, très sensible aux températures élevées, et cette sensibilité est de la plus haute importance pratique. Les feuilles sont parfois soumises à des températures de 40° à 50° C. pendant le flétrissage, par exemple lorsque celui-ci a lieu au soleil, ou dans une machine à flétrir.

Ceci établi, voyons quelle est l'influence de la température non plus *avant*, mais *pendant* la fermentation. Pour arriver à connaitre cette influence, NANNINGA se sert encore de feuilles pulvérisées et desséchées, dont il suit les modifications en couleur et en arome, et dont il recherche la composition par la méthode des extractions fractionnées employée comme ci-dessus. Il fit également des recherches directes sur de grandes quantités de thé préparé en fabrique.

Il prit un certain nombre de lots de 10 grammes de poudre, les mêla chacun à 20 grammes d'eau, et laissa fermenter dans des coupes de verre exposées à diverses températures.

L'échantillon *a* était soumis à une température de 3° à 7° C., obtenue par réfrigération.

L'échantillon *b* était soumis à une température de 25° à 26° C., également obtenue par réfrigération.

L'échantillon *c* etait soumis à une température de 40° C. environ, à l'étuve.

Après une heure de fermentation, ces échantillons manifestaient clairement des différences de couleur :

a restait vert, sans arome.

b devenait légèrement brun, avec apparition d'un arome de thé distinct.

c devenait plus brun que *b* ; son arome n'était pas tout à fait celui du thé, il était moins agréable et rappelait celui du foin humide.

Après une fermentation de quatre heures :

a restait encore complètement vert et sans arome.

b était très brun, nuancé de vert et d'un bon arome.

c était d'une nuance plus claire que *b* et d'un arome peu agréable.

Le résultat pratique de ces deux essais comparatifs est des plus nets. L'échantillon fermenté pendant quatre heures à 25-26° était le seul satisfaisant. Il faut ajouter que l'échantillon *a*, maintenu pendant neuf heures à la même température (3-7° C.), demeurait vert et sans odeur. Aucune fermentation ne peut donc se développer à cette température, et la recherche de la fraicheur dans les salles de fermentation ne doit pas excéder une certaine limite; elle doit simplement rester suffisante pour empêcher la pullulation des bacteries nuisibles, plus *thermophiles* que l'enzyme.

NANNINGA reprit ces essais avec de plus faibles intervalles de température :

a fut fermenté à environ 10° C.

b   —   15° C.

c   —   20° C.

d   —   25° C.

e   —   30° C.

f   —   35° C.

Après une heure de fermentation, *a*, *b* et *c* restaient à l'état vert et sans arome sensible; *d* manifestait un commencement de couleur brune; *e* était un peu plus brun que *d*, et *f* encore plus; l'arome était sensible en *d* et en *e*, et impur en *f*.

Au bout de quatre heures, *a* et *b* restaient verts et sans arome; *c* commençait à se colorer en brun et à acquérir de l'arome; *d* était très brun, nuancé de vert et d'un bon arome; *e* était un peu plus foncé que *d*; *f* était complètement brun et d'un arome impur.

Au bout de huit heures, *a* et *b* demeuraient verts et sans arome; *c* devenait brun, avec peu d'arome; *d* et *e* étaient devenus tout a fait brun ; leur arome était très fortement diminue, celui de *f* était manifestement désagréable.

Avec des intervalles de température encore plus faible, gradués ainsi : *a* : 19-20° C. ; *b* : 22-33° ; *c* : 25-26° ; *d* : 29-30° ; *e* : 33-44°, les résultats étaient les suivants :

Au bout de quatre heures de fermentation, *a* était encore à peu près vert, *b* était devenu un peu plus brun, *c* brun très foncé, nuancé de vert ; *d* presque complètement brun, et *e* brun pur. L'arome ne s'était pas encore bien développé en *a* et *b* ; il était bon en *c* et *d*, et impur en *e*.

Il semble donc que la fermentation de cette poudre de feuilles ne s'effectue pas, ou très lentement, aux températures inférieures à 20° C. ; aux températures intermédiaires à 20° et 30°, la fermentation suit son cours habituel, elle est même activée et s'effectue d'autant plus vite que la température est plus elevée entre ces deux limites. Au delà de 30° C., la fermentation devient mauvaise et l'arome surtout est atteint.

Les résultats ainsi acquis montrent quelle est l'influence d'ensemble exercée par les variations de température sur la fermentation du thé. Pour connaître le détail de cette influence et son retentissement sur la composition du produit, NANNINGA se servit encore de poudre de feuilles, répartie en lots de 15 grammes, à chacun desquels il ajoutait 30 grammes d'eau. Ces divers lots étaient exposés à des températures différentes, puis abandonnés à eux-mêmes pour subir la fermentation. Ils étaient finalement desséchés à 105-110° C. pendant cinquante minutes environ. Après refroidissement, ils étaient soumis à la méthode d'extraction par les agents dissolvants déjà énumérés.

De chaque lot de poudre fine ainsi traitée, NANNINGA prélevait 10 grammes pour l'extraction, le reste (3 à 4 grammes) servant à la détermination de l'humidité.

Les divers échantillons furent soumis aux traitements suivants :

a, échantillon témoin, non mouille et non fermenté, mais desséché pendant cinq minutes à 95° C. pour prévenir toute modification fermentative.

b, échantillon séché immédiatement après l'addition des 30 grammes d'eau.

c, fermenté pendant quatre heures à 15° C., puis séché.

d,   —   25-26° C.   —

e,   —   39-41° C.   —

Les résultats de ce traitement fournissent les conclusions suivantes :

1° Les extraits éthérés sont très abondants dans les cinq cas. L'échantillon *b*, quoique non fermenté, abandonne moins d'extrait éthéré que *a*. La diminution des matières qui composent cet extrait (tanin libre principalement) n'est donc pas exclusivement liée à la fermentation. L'échantillon *d* est le moins riche en extrait éthéré ; c'est donc lui qui a subi, au point de vue des composants ici en jeu, la plus grande transformation.

2° L'extrait à l'éther acétique est augmenté, par rapport à l'échantillon témoin *a*, dans l'échantillon *b* qui n'a subi qu'un mouillage, suivi de séchage direct. Cette augmentation se montre ici corrélative de la diminution en extrait éthéré. L'extrait à l'éther acétique diminue ensuite progressivement pendant la fermentation.

3° La teneur en extrait alcoolique varie très peu pendant la fermentation. Cet extrait, en *a*, est soluble dans l'eau ; il devient moins soluble en *b*, et presque insoluble dans les autres échantillons.

4° La teneur en extrait aqueux, si importante au point de vue pratique direct, montre des différences qui sont d'un haut intérêt pour l'évaluation de la valeur du produit fermenté. C'est en *d* (25-26° C.) que cette teneur est la plus grande ; tandis qu'en *c* (15° C.), elle n'est même pas augmentée, par comparaison avec l'échantillon *b* non fermenté. L'échantillon *e*, fermenté à haute température, manifeste une diminution considérable d'extrait aqueux, par comparaison avec *d* ; il paraît s'y être produit une insolubilisation partielle des produits transformés par la fermentation ; le résidu insoluble y est d'ailleurs très élevé, tandis qu'il est à peu près équivalent en *c* et *d*.

Les conclusions générales à tirer de tout ceci sont en définitive les suivantes :

1° Plus basse est la température de fermentation, plus lentes sont les transformations chimiques fermentatives. Au-dessous de 15° C., il n'y a même pas de fermentation ; de 15 à 20°, celle-ci apparaît, mais avec une marche très lente, n'aboutissant qu'à un produit imparfait, d'un arome douteux.

2° Les températures supérieures à 30° C., fréquemment atteintes dans les pays producteurs de thé, sont défavorables à la fermentation. Sous leur influence, l'arome devient moins agréable, une partie des produits fermentés solubles qui donnent de la *force* et du *corps* à l'infusion, devient insoluble. Plus cette température s'élève, moins il y a d'arome et d'éléments utilement solubles.

D'autres expériences du même auteur, vont nous montrer jusqu'à quel point ces résultats, acquis avec la poudre de feuille de thé, séchée artificiellement au-dessus de la chaux, sont d'accord avec ceux de la pratique industrielle.

Rappelons, en tout cas, et avant d'aller plus loin, que les données précédemment acquises ne peuvent, malgré leur caractère de haute précision scientifique, donner une indication à laquelle on doive toujours se conformer strictement et d'une manière en quelque sorte machinale. Ici, l'indication est générale ; dans le cas particulier de chaque plantation, il serait à désirer que des recherches, faites d'après les méthodes de NANNINGA, renseignent sur les conditions optima d'une bonne fermentation, appropriée à la nature des feuilles travaillées et à la qualité spéciale que l'on veut obtenir. Comme je l'ai déjà dit, la nature de la feuille et les conditions climatériques dans lesquelles se trouve la factorerie, peuvent entraîner des modifications dans la marche à suivre pour obtenir la meilleure fermentation.

e) **Etude directe des procédés industriels dans leurs rapports avec les phénomènes de fermentation.**

J'exposerai simplement, dans ce chapitre, le résultat de recherches pratiques exécutées par NANNINGA, à Java, recherches qui

FIGURE 9. — DESSICCATEUR « DOWN-DRAFT SIROCCO » (TYPE 1904)

indiquent à la fois le résultat des procédés ordinaires de fermentation, et de procédés perfectionnés basés sur la réfrigération. La possibilité de favoriser la fermentation du thé en abaissant artificiellement la température, a depuis longtemps frappé tous ceux qui ont étudié cette fermentation. Un brevet a même été pris à Ceylan (procédés ARMITAGE), pour l'emploi de procédés spéciaux destinés à abaisser et à régulariser cette température.

Les nouvelles recherches de NANNINGA vont nous renseigner d'une manière précise sur la valeur comparative des procédés usuels et des procédés par réfrigération.

I. — Les feuilles étudiées au cours de ces premières recherches provenaient d'une entreprise de haute altitude, cultivant la variété Assam ; elles étaient flétries en deux temps, d'abord dans un grenier à flétrir, puis ensuite, pendant trois quarts d'heure, dans une machine à sécher, dite « Paragon » (fig. 10).

Pendant cette dernière manipulation, la feuille n'était pas échauffée, mais plutôt un peu refroidie (24-25° C.).

Le roulage durait environ une demi-heure, avec forte pression finale, de telle sorte que la température s'élevait à 27° C. Après mélange des feuilles et brisage des boules, exécutés à la main, la température tombait à 25° C. La teneur en eau était amenée à 67 pour 100, ce qui indique la force du flétrissage.

Ces feuilles étaient alors fermentées dans des bacs (tampirs) recouverts au moyen d'autres bacs renversés ; ces tampirs étaient placés par terre, à l'abri des courants d'air, et un thermomètre fut placé dans chacun d'eux.

En *a*, les feuilles furent étalées en couche épaisse de 0 m. 02. La température du début était égale à 21° C., et restait à peu près constante pendant les deux heures et demie que durait la fermentation.

En *b*, elles furent étalées en couche beaucoup plus épaisse (0 m. 08 à 0 m. 09). La température du début était de 24° C. Elle s'élevait à 26° au bout d'une heure, et à 27° après les trois heures et demie que durait la fermentation.

En *c*, les feuilles, au lieu d'être placées dans un tampir, furent étendues sur un séchoir *(ajakan)*, en couche d'épaisseur égale à la précédente (0 m. 08 à 0 m. 09). La température était de 25° au début, de 26° après une heure, et de 30° après trois heures et demie. La fermentation était alors arrêtée.

Après cette fermentation, les feuilles étaient desséchées dans un dessiccateur dit « Down-draft Sirocco » (fig. 9) (v. p. 161), à une température de 190-200° F., soit 88 à 94° C.

En *a* et en *b*, la couleur des feuilles fermentées restait assez claire, et encore verte, tandis qu'en *c* elle devenait beaucoup plus foncée.

Ces trois échantillons manifestaient des divergences bien

nettes dans leur composition. Les extraits l'éther et à l'éther acétique de *a* étaient très abondants, ce qui indique une fermentation incomplète. L'extrait aqueux était surtout abondant en *b*.
Quant à l'extrait total, il manifestait une diminution graduelle
depuis *a* jusqu'en *c*, ce qui montre une fois de plus qu'une fermentation poussée au delà d'une certaine limite a pour résultat
d'insolubiliser progressivement certains produits de fermentation.

Le jugement pratique direct de ces trois échantillons donnait
les résultats suivants :

c fournissait l'infusion la plus noire : c'était celle de *b* qui
était ensuite la plus colorée.

b donnait une infusion plus forte que *c*, et *e* une infusion plus
forte que *a*.

L'infusion de *b* avait la couleur la plus vive, légèrement teintée
de vert ; celle de *c* était trop noire, et celle de *a* trop verte.

L'arome était le meilleur en *b*.

Ce dernier échantillon était donc préférable aux deux autres,
bien qu'il eut été appelé à gagner par une fermentation un peu
plus prolongée ; *a* était insuffisamment fermenté, et *e* était surfermenté.

II. — Cette seconde recherche est une extension de la première.
La qualité de la feuille était identique, ainsi que le flétrissage,
le roulage, la fermentation et la dessiccation.

Les durées et conditions générales de fermentation furent les
suivantes :

a	quatre heures,	à 23-24° C. en couche mince.	
b	six —	—	—
c	huit —	23-25°	—
d	quatre —	24-27° en couche épaisse.	
e	six —	24-28°	—
f	trois heures et demie, à 24-31°	—	

ce dernier échantillon fut fermenté sur un séchoir (*ajakan*) et
non pas dans un bac ou *tampir*.

Au moment du séchage, c'est-à-dire immédiatement après la
fermentation, la couleur de *a* et de *d* était d'un brun clair

10

FIGURE 10. — GRAND DESSICCATEUR « PARAGON »

nuancé de vert; celle de *b* était un peu plus noire et celle de *c* encore plus, de même qu'en *e* et *f*. L'arome de *c*, surtout, laissait beaucoup à désirer.

Les extraits éthérés étaient assez faibles en *b*, *c*, *e* et *f*, de même que l'extrait à l'éther acétique ; ce dernier était surtout faible en *c*. Il y a donc des modifications chimiques différentes et accentuées au cours des fermentations ainsi conduites. Les extraits aqueux présentent ici des différences frappantes. Ils augmentent graduellement (jusqu'à 18,6 pour 100), dans les trois échantillons *a*, *b*, *c* fermentés aux températures les plus basses. La comparaison de *d* et *e* manifeste déjà une diminution d'extrait aqueux, due à la différence des températures de fermentation, différence égale à 2°, environ. L'échantillon fermenté à une température notablement plus élevée, mais pendant beaucoup moins longtemps, nous montre une plus faible diminution en extrait aqueux.

La conclusion, qui nous est déjà partiellement connue, mais qui se précise singulièrement ici, est que la fermentation doit durer plus longtemps si elle est effectuée à une température plus basse ; et que l'on obtient ainsi, tout au moins dans les conditions où était placé Nanninga, par fermentation prolongée à température assez basse, un extrait aqueux plus abondant que lors d'une fermentation plus rapide à température plus élevée. L'importance pratique de ce fait est absolument capitale, puisque nous savons que ce qui fait la force d'une infusion de thé, c'est la quantité de matières solubles, ou d'extrait, qu'elle abandonne à l'eau bouillante. La force, il est vrai, n'est pas le seul élément d'appréciation du thé ; son importance est le plus souvent primée par celle de l'arome, mais elle vient immédiatement après celui-ci dans l'appréciation du thé.

Le jugement pratique de ces échantillons nous fournit de précieuses indications. L'infusion était la plus claire en *a* ; elle fonçait en *d*, *b*, *e*, *f*, et surtout en *c*. Celle de *b* (six heures de fermentation à 23-24° C.), était la plus forte; celle de *c* l'était un peu moins (huit heures à 28-25° C.), puis venaient celles de *a* et *d*, puis celles de *e* et *f*. L'arome était le meilleur en *b* ; il était moins accentué en *c*, et, encore assez bon en *a* et *d*. L'apparence de la feuille infusée, élément d'appréciation d'une certaine importance comme nous l'avons vu, était la plus satisfaisante en *c*, où elle était d'une couleur cuivrée vive et claire ; ensuite venait *b* avec une couleur aussi vive, mais moins égale ; *a* et *d* étaient encore un peu verts ; *e* et *f* étaient trop noirs.

L'échantillon *b* méritait, au total, la préférence.

Bien que *c* ne soit pas surfermenté, malgré ses huit heures de fermentation, et contienne même un peu plus de matières solubles dans l'eau, il se montrait inférieur à *b* par la délicatesse et la force de l'arome.

A tous égards, *b* méritait la préférence sur *f*; or, ce dernier, avait été préparé d'après la méthode pratique usuelle de la région. Il est donc manifestement possible, dans ce cas, et certainement aussi dans bien d'autres, d'améliorer les procédés industriels actuellement suivis.

III. — La troisième série de ces recherches fut encore accomplie dans la même fabrique et dans les mêmes conditions générales, avec un fort flétrissage, mais nous allons assister ici à la fermentation au soleil, en plein air, telle qu'elle est parfois pratiquée.

Un premier lot de feuilles *a* fut fermenté trois heures et demie, en couche de 0 m. 02-0 m. 03, à 24-25° C.

Un deuxième lot de feuilles *b* fut fermenté sept heures, en couche de 0 m. 02-0 m. 03, à 24-25° C.

Un troisième lot de feuilles *c* fut fermenté deux heures, au soleil, en couche épaisse.

Un quatrième lot de feuilles *d* fut fermenté quatre heures, au soleil, en couche épaisse, à 32° C.

La teneur en eau, uniformément réduite à ses 65 centièmes après le roulage, tombait en *d*, après fermentation, à 61 pour 100. L'élévation de la température et le déplacement inévitable de l'air, au dehors, étaient assurément causes de cette évaporation.

La dessiccation des échantillons fut pratiquée dans un « Downdraft » ; *a* et *c* y furent portés à 180-200° F. (83 93° C.), *b* à 200-210° F. (93-99° C.), et *d* à environ 210° F. (99° C.).

Le jugement pratique, par examen et dégustation, donnait le résultat suivant : l'infusion de *b* était la plus noire, puis venaient successivement celles de *c*, *d*, *a;* la force était plus grande en *b* qu'en *c* et plus en *c* qu'en *d;* l'arome était bon en *a* et *b*, impur en *c* et *d;* la feuille infusée était d'un bon aspect en *b*, encore un peu verte en *a*, et noire en *c* et *d*.

Ceci parait être la condamnation expérimentale définitive de la fermentation en plein air.

IV. — Cette quatrième série de recherches fut exécutée dans une entreprise d'altitude assez basse (1.500 pieds); il s'agissait encore de la variété Assam. Le flétrissage s'effectuait sur le sol même de la fabrique; il était suivi d'un roulage d'une demi-heure, avec forte pression finale, et expression d'un peu de sève. La température était de 28° C. après le roulage, et restait égale à 26° après le criblage. La teneur en eau de la feuille roulée était ramenée à ses 70 centièmes ; le flétrissage avait donc été peu énergique.

Un échantillon *a* fut fermenté pendant deux heures, de la manière ordinairement usitée, c'est-à-dire en couche de 0 m. 08-0 m. 09 d'épaisseur, sur des séchoirs (ajakans), à une température de 26-32° C.

Un autre échantillon *b* fut encore fermenté pendant deux heures, mais dans des bacs (tampirs) couverts, et en couche de 0 m. 02, sous une température de 26-27° C.

Un troisième et dernier échantillon *c* fut fermenté pendant quatre heures, dans des tampirs, en couches minces comme le précédent, et sous les mêmes conditions de température.

La dessiccation fut faite au « Down-draft », à 210-220° F. pour *a* et *b*, et à environ 210° F. pour *c :* cette différence est à peu près négligeable.

Si nous comparons *a* et *b*, nous voyons que ce dernier, bien que possédant un extrait total et un extrait aqueux plus considérables que ceux de *a*, est moins complètement fermenté. Les extraits à l'éther et à l'éther acétique de *b* sont encore bien plus considérables que ceux de *a*, et l'examen des extraits de *c* rend encore plus évident le caractère inachevé de la fermentation de *b*.

Il paraît ici que l'échantillon *c*, fermenté pendant quatre heures à 26-27° C., soit le meilleur; une fermentation relativement longue, à une température relativement basse, semble donc donner les résultats les plus favorables.

Au point de vue du jugement direct, nous voyons que l'infusion était la plus noire en *c*, et la plus claire en *b*; *a* et *c* etaient à peu près aussi forts l'un que l'autre; *b* était plus astringent. Les feuilles infusées étaient les plus belles en *c*; elles étaient trop noires en *a* et trop vertes en *b*.

V et VI. — Ces deux séries d'expériences furent poursuivies dans une entreprise d'altitude encore plus basse que la précédente (1.000 pieds au lieu de 1.500). Elles comportèrent des essais de fermentation en glacières.

Le dispositif, à la fois simple et ingénieux, employé dans ce but par NANNINGA, doit être décrit avec quelque détail par suite de l'importance pratique qu'il peut avoir.

La glacière dans laquelle devaient avoir lieu les fermentations était une sorte d'armoire de bois, carrée, haute de 2 mètres environ, large et profonde d'un demi-mètre, percée d'ouvertures latérales en bas et en haut, pour permettre une libre circulation de l'air; cette dernière condition, celle d'une bonne aération, paraît souvent méconnue à Java, mais elle est toujours prise en grande considération dans les Indes Anglaises, et nous voyons qu'on a pris soin de la réaliser dans la présente expérience.

Dans cette armoire, se superposaient cinq tiroirs à fond d'étamine, disposés de manière à fermer la glacière, qui, après l'introduction de ces tiroirs, n'avait plus d'autres ouvertures que celles du bas et du haut. L'air circulant ainsi de bas en haut ou de haut en bas, était forcé de traverser tous les tiroirs.

Le tiroir supérieur recevait un bac de fer blanc renfermant de la glace; l'air du haut se trouvant rafraichi, et atteignant alors une densité supérieure à celle de l'air ambiant, tombait dans le bas de l'armoire, en provoquant un déplacement d'air; un courant s'établissait donc de haut en bas.

Après le roulage, les feuilles étaient étalées sur les autres tiroirs, en couches de 0 m. 02 environ; un thermomètre était placé dans chacune de ces couches, et les températures étaient notées de demi-heure en demi-heure.

Des échantillons-témoins étaient en outre fermentés en dehors de la glacière.

Dans la première de ces deux expériences, le matériel fermentatif était composé de *boereng* (troisième et quatrième feuilles), provenant de la variété *Java*, flétri énergiquement, mais avec une certaine irrégularité; certaines feuilles étaient déjà brunes après le flétrissage. La teneur en eau de la feuille roulée était réduite à 60,5 pour 100. Le roulage, pratiqué d'après la manière usuelle de la fabrique, durait environ une heure, au bout de laquelle la température de la masse s'élevait jusqu'à 29°5 C. Après criblage, cette temperature restait encore de 29°5.

On conçoit donc que la fermentation était déjà en partie effectuée après le roulage; la fermentation proprement dite pouvait ainsi durer moins longtemps que d'habitude, ou s'effectuer à température plus basse, ce qui diminue un peu la portée de cette expérience, tout en laissant subsister le sens des indications qu'elle fournit.

En l'absence de machine à sécher, la torréfaction fut pratiquee à feu nu.

a. — Echantillon provenant du tiroir situé immédiatement au-dessous de la glace. Des precautions etaient prises pour l'abriter de la condensation. Les températures qu'il manifestait furent les suivantes :

Après une demi-heure	14° C.
— une heure	14° 1/2
— une heure et demie.	16°
— deux heures	18°
— deux heures et demie.	20°
— trois heures	15°
— trois heures et demie.	13°
— quatre heures	14°

La feuille demeurait encore complètement verte au bout de deux heures.

Après quatre heures, elle était brune, mais restait teintée de vert.

Cet échantillon, fermentant dans des conditions toutes particulières, par suite de son voisinage presque direct avec la glace, ne mérite pas d'être pris en sérieuse considération. Son arome était cependant bon.

b. — Feuilles du tiroir suivant (troisième tiroir); au bout de trois heures, ces feuilles avaient bonne apparence, quoique étant encore verdâtres; leur arome était bon, la marche de la température était la suivante :

Après une demi-heure . . . .   20° C.
— une heure . . . .   20°
— une heure et demie. . . . . . .   20°5
— deux heures . . . .   21°
— deux heures et demie. . . . . .   21°5
— trois heures . . . .   20°5

c. — Feuilles du tiroir suivant. Au bout de deux heures, ces feuilles étaient encore un peu claires, leur arome était cependant bon.

Température après une demi-heure.   . . .   22° C.
— une heure . . . .   22°
— une heure et demie . . .   22°
— deux heures . . . . . .   24°

d. — Feuilles fermentées en dehors de la glacière, sur un tampir recouvert, en couche de 0 m. 02. La fermentation durait deux heures; elle s'effectuait dans un endroit relativement frais, abrité des courants d'air, avec une température de 28° à 29° C.

e. — Feuilles fermentées d'après la méthode usuelle de la fabrique ou avaient lieu ces expériences, c'est-à-dire pendant une heure, en couches épaisses de 0 m. 08. La température des feuilles s'élevait à 35-36° et, au bout d'une heure, leur couleur était déjà noire.

Ce qui frappa tout d'abord, ici, ce fut la teneur relativement faible en extrait aqueux de l'échantillon *e*, fermenté d'après la manière habituelle; son extrait à l'éther acétique était assez élevé, et ceci achève de montrer que sa fermentation avait été défectueuse.

A un point de vue directement pratique, l'infusion de *d* était la plus noire; celle de *b* était un peu plus claire; ensuite venaient *e*, puis *c*. Le goût était assez faible en *e*; il manifestait peu de différence entre *b*, *c*, *d*; l'aspect de la feuille infusée était un peu vert en *b* et *c*, satisfaisant en *d*, et trop noir en *e*.

Il était, en résumé, assez difficile de dire quel était le meilleur de ces échantillons; *e* était, en tout cas, le plus mauvais.

La sixième expérience répétait la cinquième sur une échelle plus étendue.

Les conclusions suivantes se dégageaient de ces recherches :

1° La fermentation est plus lente aux basses températures, ainsi que nous l'avons déjà vu plusieurs fois dans d'autres conditions.

2° La fermentation aux températures supérieures à 30°, fréquemment réalisée dans la pratique, est nuisible, surtout si l'on fermente en couches épaisses, auquel cas l'arome devient impur.

3° Une fermentation trop longue à basse température, au-dessous de 20° C., par exemple, est nuisible à l'arome, qui devient de moins en moins prononcé.

Les températures supérieures à 30° peuvent être évitées assez facilement par des moyens appropriés, et l'on peut généralement arriver à maintenir, sans agencement coûteux, une température de 25-26° C. C'est celle-ci qui paraît être généralement la plus favorable; il convient de suivre, avec le thermomètre, la tendance des feuilles à s'en écarter. D'ailleurs, il y a avantage à déterminer directement, d'après les procédés de Nanninga, la température optima de chaque entreprise, surtout en régions basses, et à veiller à ce qu'elle se maintienne sans écart trop sensible.

Nos lecteurs ne sauraient nous reprocher d'avoir aussi longuement traité de la fermentation, et aussi minutieusement exposé les recherches faites à son sujet. C'est surtout par l'étude

des conditions dans lesquelles s'opère cette phase de la préparation du thé, qu'il est possible d'améliorer la fabrication et de
la conduire dans le sens précis que l'on désire.

Dans l'industrie du thé, la fermentation est en voie d'acquérir
tout autant d'importance que dans celle de la brasserie ou de la
distillerie. Il était donc nécessaire de mettre le lecteur à même
de pouvoir l'etudier, et de le conduire pas à pas dans une étude
aussi nouvelle et aussi peu connue.

f) Procédés perfectionnés de fermentation.

(MÉTHODES DE C.-R. NEWTON, H.-H. MANN ET SCHULTE IM HOFE.)

Les conséquences pratiques des données acquises à la suite
des recherches effectuées sur la fermentation du thé, ont été
mises en relief au cours de cet ouvrage, au fur et à mesure de
l'exposé de ces recherches.

Nous pouvons les résumer en disant que les conditions de
chaleur et d'aération reconnues empiriquement comme les
meilleures, sont pleinement justifiées par l'étude expérimentale. Le doute subsiste encore, cependant, sur la question de
l'éclairage. Les conditions d'asepsie au moins relatives, auxquelles j'ai déjà fait allusion, doivent être rigoureusement
observées, le développement des micro-organismes devant être,
dans l'état actuel de nos connaissances, considéré comme éminemment nuisible à la fermentation normale, dans laquelle
l'enzyme seule paraît devoir agir.

Il est enfin nécessaire que le sol des terrains théiers renferme
le manganèse, le fer et le phosphore nécessaires à l'action de
l'enzyme, et, dans chaque cas particulier, on devra rechercher
les moyens pratiques d'assurer la présence de ces éléments dans
le sol. Aucune règle générale ne peut être donnée à ce sujet, le
choix des engrais restant subordonné à des conditions économiques éminemment variables, mais il y aura toujours avantage

à déterminer la composition d'un engrais approprié aux conditions dans lesquelles se trouve la plantation.

Des discussions se sont surtout élevées sur la possibilité d'ajouter un supplément de ferment, c'est-à-dire de théase, aux feuilles en fermentation. C'est à C.-R. NEWTON que l'on doit la paternité de cette idée. Il propose d'extraire l'enzyme contenue dans les parties inutilisables de la plante, où elle est très abondante (v. ci-dessus, p. 57), pour l'ajouter directement aux feuilles pendant leur fermentation. Ce procédé a été breveté. Il ne paraît pas avoir reçu, jusqu'ici, la consécration de la pratique industrielle, mais les recherches entreprises par les personnes mêmes qui accueillirent le plus défavorablement l'idée de NEWTON, montrent que cette idée mérite d'être prise en sérieuse considération. J'aurai à signaler, en parlant du thé vert (p. 204), un procédé assez voisin de celui-ci et récemment entré avec succès dans la pratique.

D'autre part, des recherches de SCHULTE IM HOFE, portant non pas sur l'enzyme, mais sur la marche générale de la fermentation, ont conduit cet auteur à préconiser l'addition aux feuilles d'une dose légère d'un acide organique; nous avons vu ci-dessus (p. 56) en quoi cette addition peut être utile, une légère acidité favorisant l'action de la théase. Pour 100 kilogrammes de feuilles, SCHULTE employait 200 cc. d'acide acétique à 96 pour 100 (1). Un thé ainsi préparé ayant été mis en vente sans que rien puisse renseigner sur ce mode spécial de préparation, il fut, paraît-il, très favorablement accueilli.

SCHULTE a d'ailleurs essayé d'introduire dans la pratique de la fermentation du thé le contrôle chimique qui lui manque malheureusement jusqu'ici. Il propose d'interrompre l'oxydation quand les feuilles présentent la quantité de matières astringentes reconnue comme celle que doit présenter le thé pour être le meilleur possible, un excès de fermentation en détruisant une trop grande proportion. C'est à ces matières astringentes que

(1) Je pense qu'il prenait 200 cc. d'acide, au maximum de concentration, puis les additionnait d'un certain volume d'eau avant de les mélanger aux feuilles.

cet auteur attribue le rôle prépondérant dans la détermination
de la qualité ; leur quantité relative augmentant, dit-il, pendant
le roulage, il faudrait arrêter la fermentation quand cette quantité se trouve ramenée à ce qu'elle était avant ce roulage.

SCHULTE parle simplement de « matières astringentes ». Le
tanin en est évidemment la principale, et nous avons vu qu'il
décroît, plutôt qu'il n'augmente, pendant le roulage. Le procédé
de dosage de SCHULTE devait intéresser d'autres matières que le
tanin ; quoi qu'il en soit, le résultat comparatif des dosages qu'il
a exécutés manifeste une augmentation, puis ensuite une
décroissance, de ces « matières astringentes ». Ce procédé
consiste à épuiser 5 grammes de thé par 100 cc. d'eau bouillante,
portés ensuite à 500 cc. par lavage des feuilles ; à prélever 50 cc.
de cette infusion, les étendre à 500 cc. et leur ajouter 5 cc. d'acide
sulfurique et 10 cc. d'une solution titrée de carmin d'indigo. Il
titre les matières astringentes qui y sont contenues au moyen
du permanganate de potasse à 5 pour 1000 (on se base, dans ce
cas, sur une décoloration caractéristique).

L'innovation de SCHULTE IM HOFE, au moins en ce qui concerne
l'addition d'acide, a l'avantage d'être facilement employable ;
cependant, m'étant rencontré au *Journal d'Agriculture tropicale*
avec M. SCHULTE, j'ai su qu'il avait été amené à faire des réserves
sur l'application industrielle de cette innovation.

Celle de NEWTON est beaucoup moins facilement employable ;
mais, établie sur une base qui paraît à la fois plus souple et plus
généralement efficace, elle serait peut-être susceptible de donner
un maximum de bons effets. Il doit y avoir théase et théase, et,
en modifiant au besoin le procédé de NEWTON, peut-être pour-
rait-on arriver à choisir celle qui doit donner le meilleur résultat,
comme on choisit maintenant les levures des boissons fermentées ; mais ceci soulève de telles questions économiques, qu'il
y aurait imprudence à se prononcer dès à présent sur ce
sujet.

Si rationnelles que soient les améliorations proposées, en ce
qui concerne l'enzyme, on ne saurait oublier l'importance de la
présence préalable, dans le thé, des éléments sur lesquels doit

agir le ferment; envisageant la question à ce point de vue, nous voyons que, dans l'état actuel de la science, la première amélioration à réaliser est celle de la fumure judicieuse des plantations, sur laquelle nous ne pouvons insister ici sans sortir de notre cadre.

Les recherches de NANNINGA pourraient, d'autre part, suggérer l'emploi de vapeurs chloroformiques pour régulariser la fermentation. Malheureusement, les anesthésiques agissent sur les ferments solubles à peu près comme sur les ferments organisés, et, en définitive, l'emploi du chloroforme, en éliminant les microbes nocifs, peut porter atteinte à l'intégrité de la théase. MANN [4] a fait des recherches précises à ce sujet, et nous sommes ainsi amené à parler des importantes et toutes récentes innovations proposées par ce distingué savant.

Prenant deux lots de feuilles roulées identiques, il traita l'un par aspersion d'eau chloroformée et le laissa fermenter ainsi, tandis que l'autre fermentait naturellement. La comparaison entre les résultats obtenus s'établissait ainsi :

Caractères de l'infusion	Feuilles traitées	Feuilles non traitées
Astringence.	Un peu plus faible.	Un peu plus grande.
Couleur.	Identique.	Identique.
Corps (épaisseur).	Plus fort.	Plus faible.
Arome.	Sucré (*sugary smell*) et rappelant le traitement.	Normal.

Ces résultats étaient, en définitive, défavorables au chloroforme.

Par contre, MANN obtint d'excellents résultats en réalisant une fermentation pure par l'emploi d'acide salicylique. Celui-ci était saupoudré, à l'état de poudre fine, sur la masse des feuilles en fermentation, immédiatement après le roulage. Cet agent, qui est entièrement volatilisé pendant la dessiccation, ne se retrouve pas dans l'infusion et ne peut influencer les qualités de celle-ci; il entrave les actions microbiennes, tout en permettant à la fermentation naturelle du thé de s'effectuer normalement.

Des feuilles ainsi traitées furent jugées, par des personnes dont la compétence est indiscutable, « préférables à tous les points de vue (1) ».

Certaines considérations, complètement illégitimes, mais généralement admises cependant, paraissent devoir entraver l'emploi de la méthode si rationnelle proposée par M. H.-H. MANN. Dès l'instant où il est avéré qu'un produit alimentaire a subi une addition, fût-elle passagère, d'une substance antiseptique, la consommation s'en écarte aveuglément, poussée d'ailleurs par des manœuvres de concurrence commerciale. M. Ch. JUDGE, particulièrement compétent en ce qui concerne le thé, a récemment fait connaître, dans le *Journal d'Agriculture tropicale*, son opinion à ce sujet. Il pense que la méthode des antiseptiques ne sera probablement jamais acceptée aux Indes, par suite du tort qu'elle pourrait faire aux thés indiens près des acheteurs anglais. Ceux-ci ne manqueraient pas de stigmatiser les thés ainsi obtenus du terme très dangereux de « faked » (truqués), et cette accusation pourrait causer à ces thés le préjudice que des accusations de ce genre ont jadis porté aux thés de Java (2).

---

(1) ... The samples treated were preferable in every way...

(2) Au moment de mettre sous presse, nous apprenons que H.-H. MANN [3] vient de revenir sur sa première opinion, et que des expériences plus complètes lui ont fait définitivement renoncer à préconiser la fermentation en présence d'antiseptiques. Malgré cet avis autorisé, devons-nous considérer la question comme *définitivement* tranchée ?

6. — DESSICCATION

Avant que l'on ne connaisse toute l'importance des modifications subies par la feuille de thé au cours du flétrissage, du roulage, et surtout de la fermentation, la dessiccation, ou *torréfaction*, était regardée comme « constituant incontestablement la partie la plus importante de l'art de préparer le thé, et d'obtenir de la même espèce d'arbuste les nombreuses variétés que nous connaissons en Europe, et qui ont chacune une apparence, un goût et des propriétés distinctes ». (HOUSSAYE, p. 67.)

Nous savons maintenant que la dessiccation a pour rôle essentiel d'arrêter immédiatement la fermentation et de mettre un terme aux transformations que la feuille de thé n'a cessé de subir depuis sa récolte. Quelques modifications sont encore provoquées, cependant, par la dessiccation, et varient avec la température employée.

Des recherches de NANNINGA nous renseigneront encore à ce sujet. Il prépara quatre échantillons : *a, b, c, d*, avec des feuilles Assam récoltées à Java; *a* fut séché *directement* à 80° C.; *b* le fut à 120° (1); *c* et *d* furent roulés et fermentés ensemble; leur fermentation durait une heure et demie, et à 28° C.; *c* fut ensuite desséché à 80-90° C., et *d* à 105-115° C. Ces échantillons furent ensuite étudiés à l'aide du même procédé d'extractions fractionnées que ci-dessus.

(1) NANNINGA fait remarquer que la feuille, tant qu'elle contient encore de l'humidité, ne prend pas en réalité cette temperature dès qu'elle y est exposee. Il est necessaire de maintenir celle-ci pendant environ dix minutes apres que la feuille soit parvenue à l'etat sec.

On voit ici :

1º Que l'extrait éthéré, riche surtout en tanin libre, diminue considérablement à mesure que la température s'accroît;

2º Que l'extrait à l'éther acétique augmente beaucoup dans ces mêmes conditions; c'est là le résultat d'une formation progressive de tanin anhydre.

3º Que l'extrait alcoolique augmente également, ce qui doit être attribué à la perte d'eau subie par le tanin, à la suite de laquelle celui-ci se transforme partiellement en un composé insoluble dans l'éther et l'éther acétique, mais soluble dans l'alcool.

La dessiccation ne doit donc jamais atteindre une trop haute température sous peine de nuire à la qualité.

Indépendamment des pertes qui peuvent résulter d'un chauffage trop énergique, un accident assez fréquent, au cours de la dessiccation, consiste dans le *tournage au gris* des feuilles de thé. Cet accident, dont la nature parait être assez énigmatique, se produit notamment lorsque les châssis de la machine à dessécher ont été trop chargés de feuilles, et que l'on est ainsi obligé de remuer constamment celles-ci pour qu'elles subissent uniformément l'action de la chaleur. Il faut donc, ici comme pendant la fermentation, ne répandre les feuilles qu'en couche mince. Lorsque le vieux procédé chinois de dessiccation à feu nu est encore pratiqué, il faut faire en sorte que le feu soit visible à travers la couche de feuilles.

Geo THORNTON [2] considère comme difficile d'éviter ce tournage au gris lorsqu'on place dans la machine à dessécher un thé fortement humecté et que l'on sera obligé de beaucoup remuer. Lorsqu'un lot de feuilles arrive à l'étuve, il importe qu'il présente une très légère humidité; si ces feuilles, par suite de circonstances quelconques, arrivent trop sèches devant l'étuve, il conviendra de les humecter, mais de ne le faire que très modérément si l'on veut éviter le tournage au gris.

Dans l'immense majorité des exploitations européennes, la torréfaction est pratiquée à l'aide de machines, à Java, comme

nous l'avons vu ci-dessus (p. 132), elle est parfois pratiquée à feu
nu, d'après la méthode primitive chinoise, que je décrirai plus
loin. Les machines à torréfier, ou *Firing machines*, ne sont
pas très variées : les principales sont les *Siroccos* des deux
variétés *Down-draft* et *Up-draft*, le *Victoria*, l'*Empress*, le
Paragon et le *Venetian*, de JACKSON, fabriques par la maison
MARSHALL, et enfin, les dessiccateurs de BROWN.

Les dessiccateurs « Sirocco » se composent d'une sorte de
grande étuve de dimensions variables, placée au-dessus d'un foyer
(Up-draft) ou latéralement à lui (Down-draft). Ce foyer est construit de manière que la fumee soit obligée de se diriger à droite
et à gauche du foyer, dans des orifices *ad hoc*, par lesquels elle
sera évacuée après avoir réchauffé des prises d'air situées entre
chacun de ces orifices.

L'air extérieur, appelé dans ces prises d'air par la différence
de température, s'y réchauffe déjà, puis achève de le faire au
contact de la voûte du foyer, laquelle est ondulée pour augmenter
la surface de chauffe. L'air ainsi chauffé est appelé dans une
cheminée de dégagement, mais il ne peut la gagner qu'après
avoir traversé des claies (*trays*) chargées de feuilles étendues en
couches minces. Ces feuilles sont donc soumises à une température très élevée, et sont véritablement torréfiées sans avoir été,
cependant, en contact plus ou moins direct avec le feu.

Tel est le principe d'un dessiccateur *Sirocco;* divers acces-
soires perfectionnent son action. C'est ainsi qu'une grille,
spécialement disposée, empêche les fines parcelles de feuilles de
tomber sur la partie chauffante ou elles se carboniseraient en
dégageant une fumée nuisible à l'arome du thé. Dans le type
« Down-draft » (fig. 10 et 12), les claies sont placées dans une
sorte d'étuve située à côté du foyer; un ventilateur attire l'air
chaud vers le bas de cette étuve et l'évacue. Deux étuves symé-
triques peuvent être placées l'une à droite l'autre à gauche du
foyer, et l'on a ainsi un double « Down-draft ».

Un point important consiste dans la possibilité, pour les
claies mobiles, d'être remontées graduellement dans l'étuve, de
telle sorte que la claie entrée par la partie inférieure puisse en

11

FIGURE 11. — DESSICCATEUR « UP-DRAFT SIROCCO », MODÈLE A 16 CLAIE

FIGURE 12. — AUTRE MODÈLE DE DESSICCATEUR « DOWN-DRAFT SIROCCO »

sortir par la partie supérieure, après avoir été ainsi soumise au contact d'un air de plus en plus chaud par suite du mouvement ascendant de celui-ci. Cette graduation permet d'obtenir un thé sec et non pas trop cassant.

Dans l' « Up-draft » (fig. 11), l'étuve est au contraire située au-dessus du foyer, le courant d'air s'établit ainsi de lui-même ; aucun ventilateur n'est donc ici nécessaire, contrairement au cas des Down-draft, qui, comme on peut le voir sur les figures 10 et 12 sont munis de ventilateurs latéraux, et la machine se suffisant à elle-même, est véritablement *self-acting*.

Le degré de température et la force du courant d'air chaud, peuvent être réglés par des valves disposées dans la conduite d'air, au-dessus des claies. En dehors de l'usage de ces valves, le passage de l'air est réglé, presque automatiquement, par un système spécial de cheminée, permettant un accès d'air froid d'autant plus grand que la température s'élève davantage. Cet accès diminue automatiquement quand, au contraire, la température s'abaisse. Il y a donc ainsi une tendance naturelle à la régulation.

L'air chaud qui a passé à travers les châssis chargés de feuilles peut être envoyé, par une valve spéciale, dans les greniers à flétrir (v. p. 83) ou dans tout autre endroit de la factorerie. L'usage de ces appareils permet donc de réaliser à peu de frais, quand on le juge opportun, le flétrissage artificiel dont j'ai parlé ci-dessus.

L' « Up-draft Sirocco » présente des avantages très sensibles sur son prédécesseur : le « Down-draft »; il s'établit en quatre dimensions différentes qui comportent respectivement huit, douze, seize, vingt et même quarante (1) claies, disposées, dans chaque cas, par rangs de quatre, superposés ; il y a deux, trois, quatre ou cinq de ces rangs d'après les dimensions de l'appareil ; dans le modèle de quarante claies, les rangs sont doubles.

Un autre dessiccateur de ce dernier genre, mais beaucoup plus

---

(1) Ce dernier modèle est plus specialement destiné au traitement des écorces de quinquina.

petit, dit *Sirocco n° 1*, est plus spécialement destiné aux petites exploitations, ou à la dessication avant paquetage dans les exploitations importantes dont les autres appareils sont réservés à la torréfaction proprement dite. Ce Sirocco n° 1 est pourvu, à sa partie supérieure, d'un condensateur fort simple qui élimine, au moins en partie, l'excès d'humidité que l'air pourrait y introduire, et qui serait très défavorable à la marche de l'opération. Ce petit appareil peut fournir 40-50 lbs de thé par heure, avec une consommation de 30-40 lbs de bois ou de 20 lbs de charbon.

Je n'entrerai pas ici dans les détails concernant la partie chauffante de ces machines, qui ne présente aucune particularité bien remarquable. En principe, elles peuvent être chauffées avec tous les combustibles usuels, et sont munies soit d'un chauffeur d'air « vertical flue » soit d'un chauffeur multitubulaire. Ce dernier est plus économique au point de vue chauffage ; son prix est, d'autre part, plus élevé. On peut enfin adapter à ces machines des ventilateurs spéciaux (*smoke exhaust fans*) favorisant le dégagement de la fumée. Ces ventilateurs se placent entre le chauffeur d'air et la cheminée.

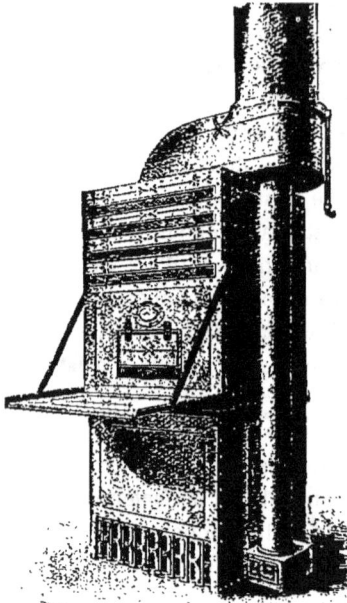

FIGURE 13. — DESSICCATEUR
« UP-DRAFT SIROCCO » N° 1

Les claies du « Sirocco » sont entièrement métalliques. Elles s'introduisent et se retirent par l'extérieur, et indépendamment les unes des autres.

Il me reste maintenant à parler des dessiccateurs JACKSON : « Victoria », « Empress », « Paragon » et « Venetian ». Leur principe est tout à fait différent de celui des étuves Sirocco ; tandis que les feuilles sont immobiles dans celles-ci, elles sont au contraire brassées et mises en mouvement dans ceux-là. La

feuille y est séchée sur des toiles métalliques sans fin, placées
les unes au-dessus des autres, qui charrient le thé à travers une
chambre chaude et l'en font sortir à l'état sec.

Dans le dessiccateur *Victoria*, les feuilles sont déversées sur
ces toiles par une ouverture placée en haut de la machine
(v. fig. 14) d'où elles sont automatiquement réparties sur la toile
supérieure; on peut du reste favoriser à la main leur répartition.

FIGURE 14. — DESSICCATEUR « VICTORIA »

La machine est pourvue de cinq de ces bandes mobiles, leur
mouvement est lent, et la feuille décrit quatre tours dans l'étuve
avant d'être délivrée au dehors; le passage d'une bande sur une
autre la brasse automatiquement.

La durée du séchage peut varier d'après les besoins. Quand les
feuilles sont très juteuses ou très humides, le mouvement doit
être ralenti; on l'accélère au contraire lorsqu'elles sont presque
sèches. La température elle-même peut être réglée à différents
degrés, et est susceptible de dépasser 300° F.

Le chauffeur d'air de ce dessiccateur est d'un type un peu
ancien, et peut au besoin être remplacé par celui du *Paragon*

(fig. 10 et 16). Il est muni d'un ventilateur qui envoie l'air chaud dans l'étuve où se trouvent les feuilles, et d'où celui-ci peut être évacué dans les greniers en vue d'un flétrissage artificiel (p. 83).

Un mécanisme mettant en mouvement les toiles chargées de feuilles est donc ici nécessaire; il requiert un pouvoir d'environ un cheval et demi. Le rendement du dessiccateur Victoria peut atteindre 240 lbs de thé par heure. La durée de dessiccation

FIGURE 15. — DESSICCATEUR « EMPRESS »

doit varier de neuf à vingt-cinq minutes d'après les conditions dans lesquelles se trouve la feuille.

Empress. — Le principe en est le même que dans la précédente machine. L'Empress n'a pas de régulateur mécanique pour la répartition des feuilles, qui sont étendues à la main sur la toile métallique, laquelle est disposée à cet effet, et se développe sur un court espace en dehors de la machine.

Les feuilles décrivent cinq tours dans l'étuve, et sont naturellement brassées en passant de l'un à l'autre; le temps de dessiccation est de neuf à vingt-cinq minutes.

L'*Empress* peut avoir un rendement de 240 à 300 lbs de thé sec par heure; ce rendement est variable comme le précédent. Le

FIGURE 16. — DESSICCATEUR « PARAGON » (MODÈLE MOYEN)

pouvoir requis pour la mise en mouvement de ces toiles sans fin est de deux chevaux et demi.

Paragon. — Cet appareil, qui s'établit en deux tailles différentes (fig. 10 et 16), est disposé de telle sorte que les feuilles soient remuées sept fois pendant leur dessiccation. Un régulateur, essentiellement composé d'une plaque vibrante, règle la répartition des feuilles sur la toile sans fin; ce réglage peut, au besoin, être fait à la main.

Une porte garnie d'amiante est ménagée de chaque côté de la machine, pour permettre à tout moment le contrôle du travail. Le chauffeur d'air est d'un système multitubulaire perfectionné.

La durée de dessiccation varie de dix à vingt-cinq minutes, et le rendement approximatif est de 240 à 300 lbs par heure pour le grand modèle, et de 180 à 220 lbs pour le modèle moyen. Le pouvoir requis est respectivement de deux chevaux et demi et de un cheval trois quarts.

Venetian. — Cette machine s'établit encore en deux tailles, (v. p. 8 et fig. 17) comme la précédente. Bien que propre à la torréfaction du thé fermenté, elle est plus spécialement destinée à la dessiccation ultime qui précède l'empaquetage, ou encore à l'achèvement des thés desséchés aux trois quarts dans de plus vastes machines.

Elle est construite sur les mêmes principes que les precedentes, avec chauffage multitubulaire perfectionné, et ne nécessite qu'une puissance motrice très faible, de un cheval et demi environ pour la petite dimension, et de trois quarts de cheval pour la grande.

La principale innovation réalisée ici consiste dans l'établissement d'un dispositif spécial pour la dessiccation définitive (final firing). Ce dispositif consiste en un recouvrement des toiles métalliques avec une sorte de gaze fine faite de fils de cuivre, qui retient les feuilles les plus fines et permet de les dessecher plus complètement.

Le rendement est de 100 à 160 lbs environ, en séchage de feuilles fermentées, pour la *Venetian* de grand modèle (72-in.),

et pour le petit modèle (type 1898) de 50 à 70 lbs en thé de l'Inde
ou de Java, et de 80 à 90 lbs en thé de Ceylan.

FIGURE 17. — DESSICCATEUR-TORRÉFACTEUR « VENETIAN » DE 12 POUCES

Dessiccateurs de Brown. — Ces dessiccateurs, peut-être moins
répandus que les précédents, surtout dans les grandes factoreries (1), s'établissent en trois dimensions.

Le n° 1 consiste, comme les machines précédemment décrites,
en un fourneau et une chambre séchante ; celle-ci peut contenir
une rangée de quatre claies indépendantes, au-dessus desquelles
est ménagé un espace pouvant recevoir une cinquième claie, sur
laquelle le séchage est achevé. Comme dans le cas des Siroccos,
on commence par introduire la claie inférieure, puis au bout de
quelques minutes (temps très variable) on remonte celle-ci d'un
cran pour en mettre à sa place une seconde, et ainsi de suite. La

(1) Ils sont cependant très communs à Ceylan.

cinquième claie n'est utilisée qu'en cas où, le séchage étant
particulièrement pénible, les quatre premières n'auraient pas
suffi; par suite du mouvement ascendant de l'air chaud, elle
est soumise à une température plus élevée que les autres.

Les n°s 2 et 3, qui diffèrent par leurs dimensions, sont, de
même que les grands *Siroccos*, divisés dans leur partie dessé-
chante en deux chambres, dont chacune est semblable à la
chambre unique du n° 1. Ils contiennent ainsi deux rangées de
quatre claies et deux claies supplémentaires. Chaque chambre
est desservie par un courant d'air chaud spécial qui peut être
réglé par une valve.

Dans ces appareils, de même que dans tous les autres, une
certaine expérience est nécessaire pour mener la dessiccation à
bonne fin. La régulation de la température exige une connaissance aussi parfaite que possible de la machine dont on se sert
et des conditions générales dans lesquelles la feuille se présente
après la fermentation. Quelques qualités d'observation permettent d'acquérir rapidement cette expérience.

Quel que soit le système d'étuve employé, il convient de
procéder à la dessiccation avec quelques précautions. L'appareil
doit d'abord être chauffé à 90° C. (200-210° F.) environ. Les
feuilles sont étendues sur les claies, ou autres dispositifs, en
couche uniforme, mince, de 0 m. 01 à 0 m. 02. Dans le cas des
claies superposées, même lorsque ces claies ne sont pas munies
d'un système d'ascension comme celui dont j'ai parlé à propos
des Siroccos (p. 161), il est bon d'introduire la première claie
dans l'appareil, dès qu'elle est chargée, par la rainure inférieure.
Une seconde claie est alors recouverte de feuilles, puis mise à la
place de la précédente, qui est remontée d'un cran, et ainsi de
suite. Cette précaution est loin d'être indispensable, mais elle
paraît avoir des avantages.

On reconnaît que la dessiccation est achevée lorsque la feuille
ne manifeste, au toucher, aucune trace d'humidité et qu'elle
fait entendre, sous la pression, un léger craquement caractéristique. L'arome arrive en outre à un degré particulier de

délicatesse lorsque l'opération a été bien conduite. L'excès et le manque de dessiccation sont presque également nuisibles. D'un côté, la feuille, insuffisamment desséchée, ne présente pas son maximum d'arome et elle moisit plus ou moins rapidement. D'un autre côté, l'excès de dessiccation nuit également à l'arome et ne fournit qu'une infusion très inférieure, épaisse et de couleur foncée.

La durée de la dessiccation est légèrement variable. Les grosses feuilles doivent être plus longuement torréfiées, de même qu'elles doivent être plus longuement fermentées. Le triage préalable des feuilles permet de fermenter et de torréfier ensemble celles qui appartiennent à la même catégorie, et d'éviter ainsi que dans une même masse certaines feuilles soient trop desséchées alors que d'autres le sont trop peu (1).

Au sortir du dessiccateur, les feuilles sont étendues jusqu'à refroidissement complet ; plusieurs heures, une nuit tout entière même, peuvent être nécessaires pour cela. Il est bon de pratiquer ce refroidissement dans des récipients couverts, pour éviter une trop forte évaporation du parfum et de placer le thé immédiatement ensuite dans des boites closes, si l'on veut éviter qu'il n'absorbe l'humidité de l'air et ne moisisse par la suite. Cette absorption d'humidité peut être assez considérable, elle a été suivie en détail par K. BAMBER [2], qui a donné à cet égard des chiffres très instructifs. Il a observé à Ceylan une absorption d'humidité s'élevant de 13,10 à 16 pour 100 au bout de quarante-huit heures.

Lorsque le refroidissement est effectué sans soin, il peut en outre se produire une infection de la masse par les spores aériennes d'espèces cryptogamiques dont le développement nuit considérablement à la qualité du produit.

Une redessiccation n'arrive pas à remettre au point l'arome

(1) Les inconvénients de ce genre sont frequents dans tous les cas, même etrangers à celui du thé, où l'on pratique la torréfaction. C'est ainsi que d'excellentes variétés de cafe, melangees avant le grillage, ne donnent trop souvent qu'un produit torréfié très inferieur, dans lequel certains grains sont encore presque verts, alors que d'autres sont presque carbonisés.

altéré d'un thé ayant subi une forte absorption d'humidité, et encore moins celui d'un thé moisi ou envahi par les bactéries. Celles-ci décomposent à la fois le tanin et les matières protéiques, solubles ou insolubles, du thé préparé.

Cette absorption d'humidité est attribuée en grande partie, par K. BAMBER, à la présence dans les feuilles d'une assez forte proportion d'acide bohéique (v. ci-dessus, p. 64) dont les propriétés hygrométriques suffiraient à provoquer l'absorption rapide d'une certaine quantité d'eau.

Le point essentiel de la dessiccation est la régulation de la température à l'intérieur de l'étuve, quel que soit le type employé. Il est nécessaire d'attirer l'attention sur ce fait que le thermomètre dont la machine est pourvue ne donne qu'une indication relative, car la température varie considérablement du haut en bas de l'étuve. La différence s'élève fréquemment à 70 et même 80° F. au-dessus de la température indiquée; dans d'autres cas elle se traduit au contraire par un abaissement de 50° F. au-dessous de cette même température.

K. BAMBER [2] a donné des tableaux très instructifs à cet égard, dressés avec presque tous les types de dessiccateurs et dans des conditions variées. Il en ressort qu'il est très difficile de connaître la vraie température de chaque machine, et d'obtenir, par conséquent, un thé uniformément desseché.

Le plus communément on règle la température à 210-220° F., observés au thermomètre de la machine; si cette température était réellement celle de la feuille, elle serait très propre à donner un produit satisfaisant. Mais si, par exemple, la feuille est encore très humide, on conçoit que sa température ne s'élève pas aussi vite que celle du thermomètre et qu'elle ne l'atteindra que tout à la fin de l'opération; le degré de la dessiccation sera alors très différent de ce qu'il aurait été avec des feuilles moins humides.

K. BAMBER recommande, comme étant généralement bon, l'emploi d'une température initiale assez élevée, de 230° F. par exemple, de manière à arrêter la fermentation aussi rapidement que possible, en ayant soin de ne pas dépasser, sous cette

température, une demi-dessiccation ; celle-ci sera achevée à
200°, ou même un peu moins. BAMBER considère ici la température réelle de l'air passant sur les feuilles, et non celle
du thermomètre, qui, comme nous venons de le voir, est tout à
fait approximative. Pour arriver à connaitre cette température
réelle, il est nécessaire de faire des essais avec des thermomètres
appropriés, dans les diverses conditions que la feuille peut
réaliser, et de comparer les résultats obtenus avec ceux que
fournit le thermomètre fixé à l'appareil. Il s'ensuit que, contrairement à l'habitude, la feuille semble devoir être passée d'abord
dans l'étage supérieur des dessiccateurs munis de plusieurs
claies superposées ; elle y serait soumise à une température de
230-240° F., puis serait descendue à l'étage inférieur, n'atteignant
que 190 à 200° F. BAMBER recommande, lorsque cela est possible,
non pas d'agir ainsi, mais d'employer plutôt deux machines,
dont l'une opère la première torréfaction, ayant surtout pour
effet d'arrêter la fermentation, et dont l'autre assure la dessiccation définitive. On doit en effet, de cette façon, pouvoir con-
cilier ces deux nécessités bien différentes : arrêter la fermentation aussi rapidement que possible, et ne pas soumettre
trop longtemps la feuille à une température très élevée, qui
puisse la rendre cassante et nuire à la qualité de l'infusion.

Une précaution élémentaire consiste à ne pas trop charger les
claies. Le plus souvent, une quantité de feuilles représentant un
poids de 5 lbs est très suffisante ; on l'élève assez souvent à
6 lbs. On conçoit que l'épaisseur de chaque couche soit un
obstacle à la circulation de l'air ; or, celle-ci doit toujours s'effectuer facilement. Une mesure aussi simple qu'efficace consiste à
employer des caisses jaugées, contenant chacune 5 lbs de
feuilles et permettant de mesurer rapidement la quantité à
répartir sur chaque claie.

D'une manière générale, un chauffage prolongé rend plus
foncée la couleur de l'infusion ; mais s'il est trop accentué, et si
la dessiccation est trop absolue, une certaine quantité de
matières primitivement solubles perdent leur solubilité ; l'infu-

sion devient alors bourbeuse, sans présenter cette sorte d'épaisseur, de *corps*, qu'elle doit normalement offrir.

La feuille convenablement séchée doit renfermer encore une
certaine humidité ; une dessiccation absolument complète pro-
voquerait l'apparition des défauts du surchauffage. D'après
K. BAMBER, cette humidité peut atteindre, en poids, pour les thés
de Ceylan, de 7 à 14 pour 100 environ.

Avant que les inconvénients les plus graves du surchauffage
ne se produisent, il peut arriver, si la température est un peu
trop forte ou un peu trop prolongée, que l'huile essentielle
ne s'oxyde trop complètement. Une légère oxydation de cette
huile doit être considérée comme normale, et favorable à
la qualité du thé (v. p. 123 et suiv.) mais son rôle, au point
de vue de l'arome, s'accommoderait mal d'une transformation
excessive.

K. BAMBER a essayé de prévenir cette oxydation, ou plutôt de
la réduire au minimum indispensable, en faisant passer un
courant de gaz inerte (acide carbonique), sur la feuille, pendant
la dessiccation. Le succès paraît avoir couronné ces essais, qui, à
notre connaissance, n'ont pas été repris industriellement. Les
thés desséchés en présence de ce gaz ne dégageaient aucun
arome pendant la dessiccation, tandis que d'autres, desséchés
parallèlement, sous des conditions identiques (180-200° F.) dégageaient un arome très sensible ; ce dégagement, on le comprend
facilement, se traduit par une perte. Au contraire, les thés
préparés sous l'action du gaz inerte ne commencent à manifester
leur arome qu'un certain temps après le chauffage. Enfermés
dans des caisses étanches, ils avaient acquis, au bout de cinq
jours, un arome supérieur à celui des thés chauffés selon la
méthode ordinaire. Cet arome paraît, en outre, plus stable ; les
causes altérantes ayant moins de prise sur lui.

On s'explique peut-être ainsi, et ce paraît être là ce qui a
conduit BAMBER à ces expériences, que les thés torréfiés à feu nu,
d'après les méthodes chinoises, aient, ou aient eu, la réputation de conserver plus parfaitement leur arome que les thés
préparés d'après les procédés européens. Dans la méthode chi-

noise l'acide carbonique dégagé par la combustion passe librement à travers la masse placée au-dessus du foyer (v. *Procédés
asiatiques*) tandis que tout accès de fumée est soigneusement
évité dans les dessiccateurs européens, n'agissant exclusivement
que par l'air chaud. Il convient de dire que le bois ou le charbon
de bois, seuls, sont employés dans le premier cas et encore leur
combustion est-elle conduite avec discernement, tandis que dans
le second,ce sont des combustibles quelconques, dont les fumées
pourraient, parfois au moins, être absolument néfastes.

Il semble donc que l'action oxydante exercée sur l'huile essentielle par le courant d'air chaud des dessiccateurs soit efficace-
ment diminuée, ou même annihilée, lorsque ce courant d'air
est remplacé par un courant d'acide carbonique. Il est difficile
d'expliquer pourquoi dans ce cas, l'arome ne se développe entièrement qu'au bout d'un certain temps ; K. BAMBER pense que
l'oxydation en question contribuant à développer l'arome, cette
oxydation est entravée par l'acide carbonique de telle sorte
qu'elle ne puisse apparaître qu'au bout d'un certain temps après
que ce gaz ait agi. Il est alors probable que l'arome continue à
se développer pendant plusieurs semaines, dans les caisses
closes ; c'est là ce qui explique que les thés puissent gagner
en qualité pendant un long voyage, s'ils ont été torréfiés dans
une juste mesure, de manière à permettre ultérieurement une
légère oxydation de l'huile essentielle (thés de caravane).

K. BAMBER fait remarquer que cette dessiccation en un milieu
inerte pourrait être facilement réalisée avec certaines machines
modernes soit par l'emploi de charbon de bois, soit par d'autres
moyens ; mais elle entraînerait un prix de revient un peu plus
élevé. Le moyen le plus simple consisterait dans le cas de l' « Up-
draft » par exemple, à brûler du charbon de bois dans des
sortes d'auges placées à la base de la prise d'air et coiffées d'un
capuchon dirigeant leur fumée vers cette conduite, les combustibles ordinaires serviraient, comme d'habitude, au chauffage
de la machine.

BAMBER a démontré que les différences d'altitudes, si importantes pour la qualité du thé, ne doivent entraîner aucune

modification dans la marche de la dessiccation. A condition qu'il
n'y ait pas surchauffage, les écarts des températures employées
ne paraissent pas être en rapport sensible avec la qualité du thé.
L'essentiel est de bien connaître la machine dont on fait usage,
et de la régler à une température convenable.

Il convient de rapprocher de ces faits le reproche fait à certaines machines, par NANNINGA [6], de laisser entraîner une
grande partie de l'arome par le violent courant d'air qui les
traverse. Ce courant doit être judicieusement réglé.

Ce même auteur recommande de sécher le thé d'un seul coup,
plutôt que de le sécher d'abord à demi, et d'achever ensuite la
dessiccation; il estime que, lorsqu'on laisse sécher le thé à demi
torréfié, une partie des produits fermentés solubles passe à l'état
insoluble. Cependant un obstacle matériel peut s'opposer à ce
que l'on dessèche définitivement, d'un seul coup, la totalité des
feuilles fermentées : ceci se produit dans le cas ou, ces feuilles
étant en très grande quantité, la plantation ne dispose que d'un
matériel de torréfaction insuffisant. Il importe alors d'arrêter au
plus tôt la fermentation ; dessécher totalement les premiers lots
mis à l'étuve demanderait une durée de temps pendant laquelle
le reste des feuilles subirait une surfermentation. Il est alors
toujours préférable de ne chauffer que pendant le temps nécessaire pour arrêter la fermentation, de manière à pouvoir remplir la machine aussi fréquemment que possible et à arrêter, en
un minimum de temps, la fermentation de toute la masse.

En résumé, la dessiccation doit être conduite avec le plus
grand soin, la négliger serait risquer de compromettre gravement la qualité du thé; mais, tandis que les autres opérations
sont susceptibles de diminuer les défauts de la feuille et d'amener
un thé inférieur à un degre de qualité relativement élevé, il n'en
est plus de même ici. Des feuilles épaisses, coriaces, en un mot
assez vieilles, peuvent, si elles sont énergiquement roulées et
assez longuement fermentées, donner un produit assez bon,
mais un thé surfermenté, par exemple, ne saurait être amélioré
par une dessiccation spéciale. Dans le cas de cet exemple particulier, on pourrait (on devrait même) conduire la dessiccation

de manière à entraver aussi rapidement que possible la fermentation déjà trop accentuee; et ce serait ici le cas de s'inspirer du conseil de BAMBER, qui recommande de porter d'emblée la masse à une température élevée, pouvant arrêter instantanement toute fermentation; ce serait là tout ce qu'il y aurait à faire, et moins que les autres manipulations, la torréfaction ne saurait améliorer la feuille. Son action sur l'huile essentielle mérite néanmoins d'être prise en sérieuse considération.

Après tout ce qui précède, nous n'avons pas à nous étendre sur les transformations subies par les feuilles au cours de la dessiccation ou torréfaction.

Nous venons de voir quel est l'effet de celle-ci sur l'huile essentielle et l'arome. C'est là la principale de ces transformations. Les tableaux et les exposés de toute sorte que j'ai donnés ci-dessus, notamment en traitant de la fermentation, indiquent quelle est la composition des feuilles définitivement préparées, par rapport à la composition primitive.

On peut, en résumé, dire que la torréfaction provoque une oxydation de l'huile essentielle et une évaporation de divers produits volatils qui consistent surtout, d'après NANNINGA, en alcool méthylique et traces d'acétone; elle provoque en outre une petite diminution d'extrait et de tanin, et ceci s'observe aussi bien dans le cas de la dessiccation au soleil que dans celui de la torréfaction.

7. — TRIAGE ET ASSORTIMENT

Nous avons vu, à plusieurs reprises, qu'il est important de manipuler séparément les feuilles de diverses sortes. Le plus souvent, on obtient ainsi, dès la sortie de l'étuve, au moins deux sortes de thé : l'une formée des grosses feuilles, et l'autre des petites. Dans ces sortes primitives, il importe de procéder à un triage assez soigné pour aboutir à la répartition du thé en un certain nombre de sortes commerciales, dont les principales sont, par ordre de qualité (1) : le broken orange Pekoe, le broken Pekoe, le Pekoe, le Pekoe souchong et le Souchong, une sixième catégorie est formée par les poussières (*dust*) provenant des criblages successifs. Ceci n'a d'ailleurs rien de fixe.

Il arrive, dans certaines factoreries, que plusieurs de ces catégories ne soient pas separées, et n'en forment ainsi qu'une seule, ou, au contraire, que des catégories intermédiaires soient créées.

C.-A. Guigon emploie, dans son ouvrage sur le thé, une classification des plus rationnelles en sortes à feuilles entières et sortes à feuilles brisées. Il établit ainsi les deux graduations parallèles suivantes :

FEUILLES ENTIÈRES

Flowery pekoe.   Pekoe souchong.
Orange pekoe.   Souchong.
Pekoe.   Congou.

(1) N'oublions pas que nous parlons ici des thes prepares à la façon europeenne ; cette classification est d'ailleurs inspiree par celle des thés de Chine, dont nous traiterons plus loin (p. 205).

FEUILLES BRISÉES

Pekoe brisé.	Souchong brisé.
Pousse de pekoe.	Thé poussiéreux.
Thé brisé mélangé.	Poussière.

Avant de parler de chacune de ces sortes, il importe de dire quelques mots de la manière dont on les obtient. En principe, et pour choisir l'un des exemples les plus simples, la récolte ayant porté sur les six dernières feuilles terminales de chaque rameau, les deux plus petites, qui sont les plus jeunes, donnent l'*orange Pekoe*, les deux suivantes donnent le *Pekoe* et les deux dernières fournissent le *Pekoe souchong* ou le *Souchong*, souvent réunis l'un à l'autre.

Comme le fait remarquer M. GUIGON, ce mode de sélection est très onéreux, car les frais de main-d'œuvre qu'il entraîne sont considérables. Pour réduire les frais de manipulation, on ne fait généralement qu'une seule récolte, en bloc, de ces six feuilles. On les prépare en un, deux ou trois lots, et ce n'est qu'ensuite qu'intervient un triage aboutissant le plus souvent à la distinction de sortes quelque peu artificielles, car pour augmenter la quantité du thé le plus fin, qui est le plus estimé et le plus cher, on lui mélange le plus souvent les brisures de feuilles plus grosses. En un mot, le triage industriel actuel ne se base, le plus souvent, que sur les dimensions des feuilles, souvent réduites par le brisement, tandis que dans les anciens triages, on s'ingéniait avant tout à grouper ensemble toutes les feuilles de maturité identique, maintenues à l'état entier. La qualité souffre évidemment de ce mode de sélection dont les conditions commerciales actuelles font une nécessité.

Ce sont donc simplement des tamis de diverses grosseurs qui déterminent la répartition du thé en diverses catégories. Les plus simples de ces tamis sont mus à la main, soit directement, soit à l'aide de moyens simples variés, telle qu'une manivelle à arbre coudé. Mais l'on emploie presque plus maintenant ces instruments simples, et l'extension des entreprises a déterminé l'usage de machines beaucoup plus complexes qui se réduisent cependant encore à des tamis de grosseurs diverses.

La description du triage opéré par les moyens les plus simples, c'est-à-dire au crible et à la main, fera facilement saisir la manière d'établir les diverses catégories du thé. A Ceylan, lorsque ces moyens sont (ou étaient) employés, on passe tout d'abord le thé au tamis n° 8; les feuilles qui.l'ont traversé sont ensuite passées au tamis n° 10, à mailles plus fines que celles du n° 8. Celles qui traversent ce tamis constituent l'*orange Pekoe*, parfois confondu commercialement avec le *broken Pekoe*, dont je parlerai plus loin; ce sont là les deux premières qualités, et elles sont assez voisines l'une de l'autre. Les feuilles restées sur le tamis n° 10 constituent le *Pekoe*.

On broie alors légèrement, à la main, les feuilles restées sur le tamis n° 8, et l'on met celui-ci en mouvement; ce qui passe sous ce tamis est porté au n° 10; les feuilles qui passent sous ce n° 10 donnent un nouveau pekoe (*broken Pekoe*) vendu séparément ou réuni au premier; celles qui restent définitivement sur le tamis n° 10 donnent le *Pekoe souchong*.

Enfin le thé qui, après la trituration légère dont je viens de parler, n'a pu passer au n° 8 fournit une qualité inférieure : le *broken mixed*.

On procède parfois à un nouveau tamisage pour obtenir, dans chaque catégorie, plus d'homogénéité, et, ce qui reste sur le crible est ajouté à la qualité suivante. Un tamisage final de chacun de ces thés. sur un tamis n° 20, en sépare les fines brisures ou poussières provoquées par les manipulations précédentes; ces brisures constituent le *dust* ou *fanning*, dont la qualité est souvent excellente, mais qui est peu recherché et se vend à bas prix.

Au cours de ces tamisages, on enlève les feuilles les plus dures, souvent colorées en rouge (v. p. 93), qui sont les moins bonnes parmi celles qui ne peuvent passer au n° 8, même après une légère trituration. Ces feuilles sont généralement broyées à la main et vendues à vil prix aux indigènes. Leur prix est inférieur de près de moitié à celui du *dust*, dont elles sont loin d'avoir la qualité.

Telle est la manière la plus simple d'obtenir les sortes les plus courantes; mais chacune de ces sortes peut être de qualité très variable pour une même provenance, abstraction faite des variations saisonnières. En effet, nous avons vu ci-dessus que les feuilles, avant que d'être fermentées, sont déjà réparties en deux ou même en trois catégories.

Chacune de celles-ci peut, sauf exceptions, subir les triages dont je viens de parler. Il est bien évident, toutefois, qu'un lot de feuilles vieilles, grosses et coriaces, ne saurait fournir un fin Pekoe, les plus fines brisures, seules, pourraient, à la rigueur, fournir cette sorte, qui serait alors bien inférieure à ce qu'elle est, dans les autres cas. Ces grosses feuilles servent généralement à obtenir une sorte assez inférieure, dite *Congou*, dans laquelle entrent souvent aussi d'autres feuilles qui, pour un motif ou un autre, ne peuvent trouver place dans les sortes supérieures.

Faisons, dès maintenant, remarquer que les prix de chaque sorte varient dans des proportions indéfinies, selon le lieu qui l'a produite et les soins qui ont été apportés à sa manipulation.

a) Machines trieuses.

Le lecteur est maintenant familiarisé avec les principes d'après lesquels s'effectue l'assortiment fondamental des différents thés. Les factoreries européennes emploient, pour le triage de ces différentes sortes, une machinerie tout aussi perfectionnée que celle du roulage ou de la torréfaction. Ces machines sont de divers systèmes : DAVIDSON (*Sirocco*), JACKSON, WALKER, BROWN, RUSTON-PROCTOR (*Acme tea sorter*)... D'une manière générale, toutes ces machines sont assez simples. La plupart sont munies de cribles interchangeables de diverses grosseurs qui permettent d'obtenir une grande variété de produits avec la même machine. Je décrirai maintenant les principales de ces machines.

Assortisseurs « Sirocco », de DAVIDSON. — Ces machines sont construites de manière à pouvoir répartir en cinq sortes une quantité de thé équivalente à 800 lbs à l'heure. Ces cinq sortes vont

des *poussières de Pekoe* (*pekoe fannings*) au *Pekoe souchong*
et comprennent, par conséquent, toutes les bonnes qualités
moyennes (comme nous l'avons vu, les qualités les plus élevées
du Pekoe sont plutôt déterminées par l'extrême finesse de la
feuille que par le criblage). Chacune des sortes obtenues est
répartie automatiquement dans une caisse située sous la
machine; au sortir de celle-ci, il n'y a donc plus qu'à empa-
queter.

FIGURE 18. — ASSORTISSEUR « SIROCCO »

En principe, ces assortisseurs de thé se composent de cinq
cribles de grosseurs variées répondant aux cinq sortes de thé
obtenues. Les feuilles sont déversées sur une plate-forme située
à la partie supérieure de la machine ; de là, elles passent dans
une sorte de crible rotatif incliné, à travers lequel passent immédiatement les feuilles les plus fines, tandis que les autres des-
cendent graduellement dans ce cylindre rotatif disposé de
manière à laisser passer des feuilles de plus en plus grosses.
L'inclinaison de ce cylindre est variable et les feuilles y séjournent
d'autant plus longtemps qu'il est plus redressé. Une sorte de
plaque coupante sectionne les feuilles qui s'engagent à travers
les mailles du cylindre cribleur sans pouvoir les traverser.

Diverses dispositions d'importance secondaire font quelque peu
varier les « Siroccos tea sorters ». Les plus récemment cons-
truits sont munis de perfectionnements et peuvent se diviser en
deux classes d'après leur taille : *large sorter* (nº 380) et *small
size sorter*. Ces machines peuvent être mises en mouvement à
l'aide d'une force assez faible, et, au besoin, pourraient être
mues à la main.

D'autres appareils com-
plètent ces assortisseurs
surtout au point de vue de
l'utilisation des grosses
feuilles, qu'un simple criblage ne saurait briser ; ce
sont le *coupeur-égaliseur
Sirocco* et le *briseur Sirocco*.

**Coupeur-égaliseur « Si-
rocco ».** — Cette machine est
l'auxiliaire de l'assortisseur
ci-dessus décrit, pour le
sectionnement des grosses
feuilles qui ont échappé à
son action et sont arrivées à
l'extrémité du cylindre sans
passer à travers les mailles
de celui-ci. Elle se compose

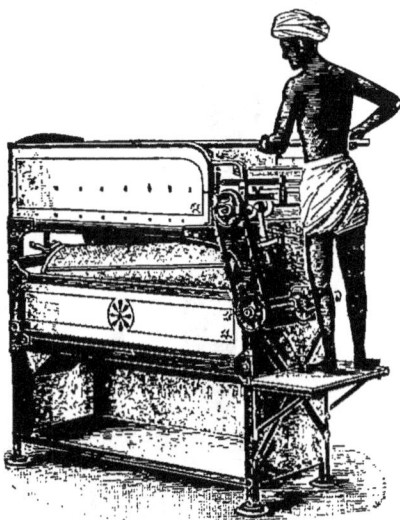

FIGURE 19
COUPEUR-ÉGALISEUR « SIROCCO »

essentiellement d'un appareil coupant (Cutting mill), et d'un
cylindre égaliseur dont les mailles sont un peu plus petites que
les mailles les plus grandes du cylindre de l'assortisseur précédent (ces dernières correspondent au Pekoe souchong). Le sectionnement des feuilles se fait de telle sorte que celles-ci
peuvent toutes, finalement, traverser le cylindre. Ce sectionnement divise les feuilles en parties irrégulières plus ou moins
grosses, et en brise même une certaine quantité de manière à
provoquer la formation de dust ou poussières ; mais cette perte,
d'ailleurs relative puisque les poussières de thé conservent une
certaine valeur, est réduite à son minimum.

Les feuilles ainsi sectionnées sont envoyées à l'assortisseur, qui en répartit les morceaux, suivant leur grosseur, dans les cinq récipients correspondant aux cinq sortes de thé dont j'ai parlé. Les cinq nouvelles sortes ainsi obtenues peuvent être vendues telles quelles, comme variétés brisées, ou être mélangées aux sortes fournies par le criblage de feuilles entières.

Briseur « Sirocco ». — Cette machine est uniquement destinée à

FIGURE 20. — BRISEUR « SIROCCO »

briser les plus grosses feuilles, telles qu'elles sortent du dessiccateur, avant de les passer à l'assortisseur. Elle peut, à la rigueur, remplacer l'égaliseur que je viens de décrire, mais, dépourvue du cylindre de celui-ci, elle brise d'une manière encore plus irrégulière.

Sa disposition est fort simple ; elle consiste en un réceptacle dans lequel sont déversées les feuilles, et en un appareil briseur rotatif, pourvu de cannelures ; ces cannelures s'établissent en diverses dimensions, les plus fines et les moins profondes doivent être employées lorsqu'on veut sectionner les feuilles les plus épaisses, tandis que les plus larges et les plus creuses sont

FIGURE 21. — ASSORTISSEUR OSCILLANT DE JACKSON

usitées lorsqu'on se propose d'obtenir un léger brisement.

Assortisseur oscillant, de JACKSON (Balanced tea sifling machine).
— Ce sont ici des cribles plats oscillants, légèrement inclinés,
qui reçoivent les feuilles et les répartissent suivant leur finesse.
Ces cribles sont de plusieurs grosseurs et sont interchangeables,
de telle sorte que le criblage peut être facilement approprié aux
variétés de feuilles que l'on traite et au résultat que l'on désire
obtenir.

Assortisseur rotatif, de JACKSON (Rotary tea sifling machine). —

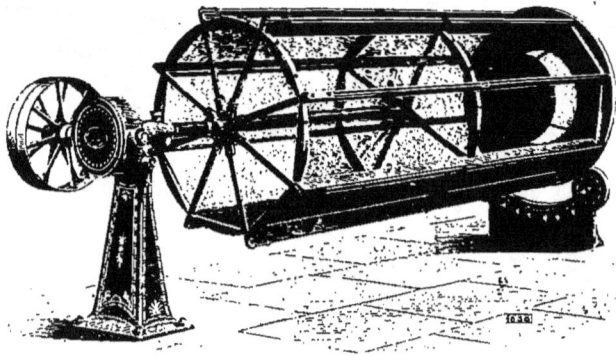

FIGURE 22. — ASSORTISSEUR ROTATIF DE JACKSON

Cette machine consiste en un simple crible cylindrique, dont le
système de rotation est particulièrement ingénieux. Ce crible
reçoit le thé par l'extrémité opposée à celle où se trouve la partie
motrice, il s'alimente donc avec la plus grande facilité. Tantôt
toute sa surface porte des mailles identiques, tantôt on la divise
en deux parties successives dont la première (la plus voisine de
l'orifice récepteur) est munie de mailles fines tandis que l'autre
porte des mailles plus larges. Dans ce dernier cas, on obtient
trois sortes de thé : l'une passant sous les mailles fines, l'autre
ne passant que sous les mailles plus larges, et la troisième, qui
n'a pu traverser le crible, se trouvant rejetée à son extrémité.

Dans le cas où on emploie cette machine qui, comme la précédente, ne donne que trois sortes de thé, il est bon de procéder à

un premier triage, fait à la main ; ce triage préliminaire élimine les feuilles les plus grosses et les moins bonnes (telles que les feuilles rouges), et, en même temps, les fragments de bambou provenant des paniers de récolte, ainsi que les autres corps étrangers.

Briseur rotatif, de Jackson (Rotary tea breaking machine).—Cet'e machine est destinée, comme le coupeur-égaliseur ou le briseur de Davidson (fig. 10 et 20), à sectionner les plus grosses feuilles avant ou après l'assortiment. Ce but est ici atteint par le passage

FIGURE 23. — BRISEUR DE JACKSON

forcé des feuilles à travers un crible ; plusieurs de ces cribles peuvent se remplacer l'un l'autre, et de la dimension de leurs mailles dépend celle des fragments de feuilles obtenus.

Les feuilles sont déversées sur la partie supérieure de la machine, à l'intérieur d'une sorte de châssis mobile au fond duquel se trouve une grille ou crible. Le mouvement du châssis mobile oblige les feuilles à traverser ce crible ; un tamis spécial pour les poussières est ajusté en dessous du châssis mobile au moyen de quatre crochets.

Cette machine peut traiter, approximativement, de 320 à 480 lbs de feuilles par heure, cette quantité variant avec les conditions dans lesquelles se trouvent les feuilles.

Assez récemment, W.-M. GLYNN, a proposé de sectionner les feuilles, pour les assortir, avant la dessiccation. Celle-ci rendant les feuilles cassantes, on conçoit que leur sectionnement en brise, et même en pulvérise une certaine quantité. Pour réduire

FIGURE 24. — CRIBLE « CLIP ACTION », DE JACKSON
Destiné à briser le thé sortant des dessiccateurs ou à réduire et égaliser les Pekoes-souchongs et les Congous.

cette perte, GLYNN fait passer les feuilles après roulage et fermentation, à travers un appareil spécial qui coupe et égalise les feuilles ; celles-ci ne seront desséchées qu'ensuite. Comme variante à ce premier procédé, il propose encore de dessécher partiellement les feuilles, après fermentation, de manière à les rendre résistantes et non pas cassantes, puis de les dessécher définitivement ensuite comme d'habitude. Ces procédés, et les instruments qui permettent de les réaliser, ont été brevetés.

Extracteur de poussières, de JACKSON. — Cette machine est construite non seulement en vue d'éliminer les poussières proprement dites *(dust)*, mais encore les différents corps étrangers, tels que fragments de bambou provenant des paniers ou des claies, fibres

FIGURE 25. — EXTRACTEUR DE POUSSIÈRES, DE JACKSON

des toiles à flétrir ou autres, etc. ; ces corps représentent parfois jusqu'à 2 1/2 pour 100 de la masse totale. En faisant varier certaines dispositions, le « dust extractor » peut : soit éliminer les poussières seules, ou les fibres étrangères au thé, soit éliminer le dust et mélanger complètement le résidu, soit encore éliminer le dust, et diviser le résidu en deux sortes d'après la grosseur des éléments.

Dès son arrivée dans la machine, le thé est saisi par un cylindre cannelé qui le répartit en une couche mince, d'environ 4 pieds de large. Cette couche passe ensuite à travers une

série de gradins, disposés en zigzag, et se trouve alors soumise
à un courant d'air dont l'intensité peut être réglée au moyen
d'une sorte de volet. De 500 à 1.000 lbs de thé environ, peuvent
être traitées en une heure par cette machine.

A l'inverse des précédentes, elle agit donc par ventilation.

D'autres machines, beaucoup moins compliquées, sont fréquemment employées pour l'extraction du *dust* : ce sont de simples
ventilateurs qui peuvent même se réduire à une boîte cubique,
ouverte seulement par l'une de ses faces, et à l'intérieur de
laquelle se meut un axe garni d'ailettes, recevant son mouvement
en dehors de la caisse par une poulie ou une simple manivelle.

L'emploi de ce ventilateur est de la plus extrême simplicité.
On place au-dessus de lui une boîte renfermant le thé, et l'on
fait tomber celui-ci en nappe mince devant le côté ouvert du
ventilateur. Le courant d'air chasse les poussières et les envoie
un peu plus loin, tandis que les feuilles ou fragments de feuilles
tombent au pied de l'appareil.

Parfois enfin c'est un simple tamisage qui élimine ces poussières ; ce procédé de tamisage paraît être inférieur à celui de la
ventilation.

b) Emballage du Thé.

La nature tout particulièrement délicate de la denrée qui nous
occupe, oblige à l'emballer avec un soin extrême. L'emballage
du thé est donc une opération importante, au cours de laquelle
la moindre négligence peut compromettre, plus ou moins gravement, la qualité du produit. Cet emballage doit être absolument hermétique si l'on veut conserver l'arome dans toute son
intégralité et avec toute sa finesse.

Il se pratique toujours d'une manière à peu près identique.
Des boites faites d'un bois léger, peu couteux, et absolument
dépourvu d'odeur, sont tapissées intérieurement de feuilles de
plomb. Le thé est déposé dans ces boîtes; on soude un couvercle
de plomb sur les feuilles de même métal qui les tapissent, puis

on cloue un couvercle de bois sur celui de plomb, et la caisse est prête à être expédiée. Elle est parfois recouverte d'une enveloppe de papier portant la marque de la factorerie ; dans d'autres cas, on se contente de la marquer, sur le bois même, à l'aide de caractères à jour. Parfois encore, la boîte est renforcée par un léger cerclage de métal.

Les dimensions de ces boîtes sont généralement uniformes dans une même région. A Ceylan, elles sont cubiques et ont exactement, d'après BOUTILLY, 16 pouces (soit 0 m 40) de côté. Le poids de thé que peut contenir une boîte ainsi conditionnée varie avec chaque sorte. BOUTILLY indique les poids suivants :

100 livres pour le broken pekoe, le broken mixed, ou les feuilles rouges ;

95 livres pour le pekoe ;

90 livres pour le pekoe souchong.

Les chiffres suivants, donnés par COULOMBIER, diffèrent quelque peu de ceux-ci ; il correspondent à des dimensions très employées dans les pays producteurs de thé :

Broken orange pekoe . . .	18 pouces × 18	18	60 lbs.
Broken pekoe	24 pouces × 20 × 20		110 —
Pekoe	24 pouces × 20 × 20		90 —
Pekoe souchong	24 pouces × 20 × 20		80 —
Dust	18 pouces × 18 × 18		75 —

Le choix du bois dont la caisse est faite a une certaine importance, il doit être léger et résistant tout à la fois. A Ceylan, d'après BOUTILLY, on emploie le jacquier (trop lourd), le manguier (léger, mais facilement attaqué par les insectes), et le bois de mouni, du Japon. Le prix des caisses de jacquier ou de manguier est d'environ 1 fr. 20, celles de mouni coûteraient un peu moins cher (1 franc environ) et paraissent cependant être les meilleures.

Les feuilles de plomb sont importées ; on a tenté il y a quelque temps, à Colombo, d'en fabriquer sur place. Elles sont découpées à l'aide de calibres, puis soudées sur un gabarit dé manière à s'emboîter exactement dans la caisse de bois. Le couvercle est

découpé d'avance, de manière à pouvoir être rapidement soudé
L'emballage du thé est généralement pratiqué de la manière
suivante.

Les feuilles, après leur assortiment, sont réparties dans de
grands coffres clos.
Lorsqu'une de ces
·caisses est pleine, on
procède à l'emballage
définitif de son con-
tenu, si les condi-
tions générales de
travail de la factore-
rie se prêtent à ce
moment à cette ma-
nipulation. Celle-ci
nécessite en effet une
main-d'œuvre consi-
dérable, et oblige à
mobiliser un grand
nombre d'ouvriers.
On ne procède donc
généralement à l'em-
ballage que lorsque
les autres travaux ne
pressent pas.

Avant de répartir le
thé dans les caisses,
on le transporte au
dessiccateur par pe-
tites quantités; c'est

FIGURE 26. — PAQUETEUR « SIROCCO »

là la dessiccation définitive, effectuée soit par les dessiccateurs
ordinaires, soit par des dessiccateurs spéciaux comme le Sirocco
n° 1 ou le Venetian. Pour cette dernière dessiccation, dont l'effet
est d'enlever toute trace d'humidité et aussi, fait qui passe
généralement inaperçu, de stériliser la masse avant son empaquetage, on étend les feuilles en couches extrêmement minces

sur les claies du dessiccateur. Au sortir de celui-ci, on refroidit généralement le thé en l'étendant sur des toiles ou dans des bacs. Peut-être y aurait-il au contraire avantage à remplir directement les caisses avec les feuilles toutes chaudes, comme ceci paraît être quelquefois pratiqué ; il y aurait ainsi moins de chance pour que la masse, stérilisée dans le dessiccateur, soit réinfectée par des germes dont le développement peut nuire à la qualité. D'ailleurs, il est d'usage de répartir le thé dans les boites avant son refroidissement complet.

Cette répartition se fait à la pelle, et chaque caisse est remplie en plusieurs fois ; on y verse d'abord une petite quantité de thé, que l'on tasse à la main ou avec le pied, en ayant soin de recouvrir la surface des feuilles d'une toile évitant le contact de celles-ci et de l'épiderme du tasseur. On remplit ainsi la caisse en plusieurs fois, en quatre par exemple. Le dernier tassement est généralement plus énergique et se pratique souvent avec le pied.

On peut enfin aider le tassement en plaçant la caisse sur la plate-forme d'une sorte de machine trépidante, essentiellement composée d'un excentrique actionnant une tige dont l'extrémité est articulée avec la plate-forme sur laquelle est déposée la caisse, qui s'y trouve maintenue par une ou plusieurs vis de pression. Cette plate-forme oscille autour de deux tourillons et son agitation perpétuelle tasse les feuilles au fur et à mesure qu'elles sont déversées dans la caisse.

Une telle trépidation produit un tassement uniforme et évite les brisures produites par le foulage. Elle remplit les caisses d'une manière toujours identique, et prévient les stratifications qui se produisent dans l'emploi des procédés manuels.

Cinq à six minutes sont nécessaires pour le remplissage d'une boîte. Quand ce remplissage est terminé, la boîte est portée sur une bascule, où l'on amène le poids du thé à ce qu'il doit être. Cette opération est très rapide, car les ouvriers remplisseurs se trompent peu sur le poids des feuilles qu'ils introduisent dans les caisses. On soude alors le couvercle de métal, puis on cloue celui de bois. Les frais de fournitures et de main-d'œuvre se montent à 4 francs par caisse environ, d'après BOUTILLY.

Ajoutons que les plus connues des machines dont je viens de parler sont la « Davidson's Maguire Tea packer » (Paqueteur Sirocco, fig. 26), et la « Jackson's Tea packing Machine » (fig. 27). Elles diffèrent quant à leurs détails, mais non quant à leur

FIGURE 27. — MACHINE PAQUETEUSE DE JACKSON

principe, et la description précédente s'applique, à peu de chose près, à l'une ou à l'autre (1).

(1) Je ne puis terminer ce qui a trait au triage du thé sans mentionner qu'il est parfois parachevé en Europe même. M. MAIN a publié un intéressant article sur ce sujet, que je ne puis qu'effleurer, dans le n° 30 du *Journal d'Agriculture tropicale* (1903). Cette manutention, dont l'importance n'est pas très considérable, a surtout pour but d'établir une uniformité parfaite dans certaines marques connues dont les produits doivent toujours paraître rigoureusement identiques.

c) Classification des Thés noirs fournis par les Procédés Européens.

Chaque région productrice de thé mettant en œuvre des procédés plus ou moins spéciaux, les produits qui en sortent sont souvent assez dissemblables. Il est nécessaire de signaler les principaux. Je mettrai ici à contribution l'expérience commerciale de M Guigon, dont le livre est fort instructif sur ce sujet.

I. — Inde anglaise.

La classification typique de Guigon (v. p. 178) s'applique spécialement à l'Inde anglaise. Elle est ainsi établie :

Sortes a Feuilles entières

Flowery pekoe.   Pekoe souchong.
Orange pekoe.   Souchong.
Pekoe.   Congou.

Sortes a Feuilles brisées

Pekoe brisé.   Souchong brisé.
Pousse de pekoe.   Thé poussiéreux.
Thé brisé mélangé.   Poussières.

Le flowery pekoe, auquel on donne parfois en France le nom de pekoe à pointes blanches, est fait avec les fines extrémités seules des rameaux; il ne comprend donc que les bourgeons terminaux dont les feuilles, encore repliées sur elles-mêmes, offrent extérieurement une apparence duveteuse, blanchâtre. La force du flowery pekoe est intense et sa saveur exquise. Ce thé est hautement estimé et son prix est toujours élevé.

Le pekoe (du chinois *pak ho*, qui veut dire cheveux blancs ou duvet blanc) est formé des plus jeunes feuilles, venant immé-

diatement après le bourgeon. Ces feuilles sont encore duveteuses,
c'est ce qui leur a valu leur nom, mais ce duvet est généralement
d'un blanc moins pur que celui du flowery pekoe. D'après
GUIGON, ce pekoe indien est d'apparence grisâtre, avec les
extrémités rougeâtres, lorsqu'on l'examine attentivement ; sa
saveur est très fine, et il est très recherché.

L'orange pekoe est très voisin du pekoe·comme apparence et
comme qualité, le plus souvent on ne fait aucune différence
entre l'un et l'autre. C'est une teinte légèrement orange qui vaut
à cette sorte d'être distinguée du pekoe ordinaire. Elle paraît
être fournie par des feuilles un peu plus mûres que celui-ci.

Le pekoe souchong, intermédiaire entre les pekoes et les
souchongs, participe à la fois des apparences et des qualités de
ces deux sortes. Il diffère du pekoe par son duvet moins abondant, caractère surtout accentué à la pointe de la feuille, et forme
ainsi transition avec les souchongs. Il peut arriver que cette
sorte soit produite par le mélange de pekoe inférieur et de beaux
souchongs. Participant de la force du souchong et de la finesse
du pekoe, elle réunit ces deux qualités à dose moyenne.

Le souchong, constitue la variété la plus classique du thé ; il
est, dit M. GUIGON, « franc de goût, uniforme, régulier, avec la
feuille légèrement recroquevillée. Sa longueur varie de 0 m. 04 à
0 m. 08 ». Il n'a pas la finesse du pekoe, mais sa force est
plus grande.

Le congou est voisin du souchong, mais il est composé des
feuilles les plus grosses ou les plus irrégulières, qui ne sauraient
trouver place avec celui-ci. Sa qualité est donc assez inférieure.

Les sortes brisées ne sont autre chose que les brisures des
précédentes, auxquelles elles correspondent d'une manière assez
rigoureusement parallèle. Leur qualité est sensiblement la même
que celle des sortes entières, leur aspect seul cause leur déprécia-
tion, toute relative d'ailleurs.

Le pekoe brisé provient des feuilles pekoe, plus ou moins
écrasées au cours des manipulations qu'elles ont subi. La pointe
du pekoe étant extrêmement fragile, cette sorte est abondante.
D'après GUIGON, elle est plus forte, et souvent même plus fine

que le pekoe entier, ou pekoe-feuilles ; ceci est aisé à comprendre, car toutes les transformations qui déterminent la qualité du thé s'effectuent d'autant plus facilement que les elements cellulaires peuvent mieux se mélanger ; or c'est là ce qui se produit à la suite du brisement des feuilles, tout au moins quand ce brisement est effectué à un stade précoce des manipulations.

La pousse de pekoe est voisine de la sorte précédente ; mais elle est composée des fragments les plus menus, et se présente comme une grosse poudre. Sa force est considérable. « Les Anglais, dit M. Guigon, en sont généralement très friands, et tous les vrais connaisseurs et amateurs n'usent guère que de la pousse de pekoe, qui a pour eux le double avantage de coûter moins cher et d'être superieure à la feuille dont elle porte le nom. »

Le the brisé mélange, est, comme son nom l'indique, composé de thés brisés de diverses catégories. D'apres la nature des sortes qui l'ont fourni, il peut être plus ou moins fin ; tantôt il doit être classé avec les thés inférieurs, tantôt il peut compter parmi les sortes les plus fines.

Le souchong brisé est suffisamment défini par son nom

Il en est de meme pour les thés poussiéreux et les poussières proprement dites. Lorsque ces poussières proviennent de bonnes sortes, et sont exemptes de matières etrangères, elles sont de qualité suffisante ; mais, le plus souvent, elles sont mêlees à des debris de toute sorte : fragments de bois, fibres de tissus, qui les rendent tres inférieures. La poussière proprement dite n'est meme parfois composée que de balayures, et contient une forte proportion de matières terreuses.

M. Guigon signale l'existence d'une autre sorte indienne dite : *namuna* ou *unassorted* (the sans nom). Elle ne rappelle presque pas, dit-il, son pays d'origine.

Ajoutons enfin, pour terminer ce qui a trait aux thés de l'Inde, que c'est parmi eux que l'on trouve les qualités les plus estimees du monde entier. Sur le marché de Londres, qui est le plus important à l'égard des thés, ce sont en effet ceux de Darjeeling qui atteignent les plus hauts prix. Ce district est montagneux,

son altitude moyenne est d'environ 1.500 mètres au-dessus du
niveau de la mer et il est directement relié à Calcutta par
une ligne ferrée; toutes les conditions y sont éminemment
favorables à la culture du thé, et la préparation industrielle y a
atteint son plus haut degré de perfectionnement.

II. — Ceylan.

Nous n'avons pas à retracer ici l'histoire de la culture et de la
préparation du thé à Ceylan, histoire si passionnante et si
instructive dans toutes ses péripéties. Les thés de cette provenance sont classés, en :

1° Orange pekoe, pekoe, pekoe souchong, souchong, congou.

2° Orange pekoe brisé, pekoe brisé, pekoe souchong brisé, thé
brisé, criblures de pekoe et poussières.

Cette classification est très voisine de celle de l'Inde, et il ne
saurait en être autrement puisque ces thés sont préparés par les
mêmes procédés et destinés aux mêmes marchés, parmi lesquels
celui de Londres est de beaucoup le principal.

Guigon attribue à ces sortes ceylannaises les caractères
suivants :

Orange pekoe. — — *brisé.*	Très jaunes, très petites feuilles, avec, à la pointe, une couleur jaune orange.
Pekoe. — *brisé.*	Feuille jaune, bien roulée, avec, habituellement, une jolie pointe.
Pekoe souchong. — — *brisé.*	Feuille avancée en maturité, mais entourée de grands soins dans la préparation.
Souchong. — *brisé.*	Feuilles très avancées, et plus sommairement préparées.
Congou.	Feuilles très vieilles et mal préparées.
Criblage de pekoe. *Poussière de pekoe.*	Suffisamment désignés par leurs noms.

D'une manière génerale, les thés de Ceylan sont de moins
haute qualité que ceux de l'Inde ; cependant, certains districts
fournissent des thés très estimés et de prix élevés. Ils ont moins
de force que les thés de l'Inde, mais leur arome est souvent très
fin et ils sont, pour cette raison, très utiles dans certains
mélanges.

De même que les thés de l'Inde, ils se vendent maintenant
couramment en France, à l'état de thés de provenance, non
mélangés. Mais le public français, encore peu connaisseur en
matière de thé, ne paraît les accueillir qu'en raison de la
réclame qui leur est faite.

III. — Java.

L'intérieur de cette ile, et surtout les escarpements de la province de Préanger, sont le siège de cultures de thé assez importantes et dont le rendement est souvent très élevé. Ce sont
ces cultures qui ont été étudiées par Van Romburgh, Lohmann
et Nanninga, dont j'ai résumé ci-dessus les travaux relatifs à
l'industrie du thé de Java.

Ces thés de Java sont surtout connus, commercialement, sous
le nom de Parakansalak, qui est celui d'une de leurs principales
sources. On les divise en plusieurs sortes qui, d'après Guigon,
sont les suivantes :

SORTES ENTIÈRES

Flowery pekoe.	Souchong.
Pekoe.	Congon.
Pekoe souchong.	Bohea.

SORTES BRISÉES

Flowery pekoe brisé.	Thé criblure.
Pekoe brisé.	Thé brisé.
Poussière de pekoe.	Poussière.

Ce que nous avons dit au sujet de l'Inde et de Ceylan nous

dispense d'insister sur chacune de ces sortes. Le *bohea* représente une qualité grossière, nommée ainsi par analogie avec une sorte chinoise dont je parlerai plus loin. D'une manière générale, les thés de Java sont de qualité plutôt inférieure. Leur aspect est souvent satisfaisant, mais « l'infusion est généralement claire, avec peu de force, tout en ayant de l'apreté ». Non seulement ces thés sont assez peu recherchés à l'état pur, mais les mélangeurs eux-mêmes en font assez peu de cas.

Remarquons cependant que des progrès sensibles ont été réalisés à Java, dans ces dernières années. Les travaux si remarquables des savants hollandais que je viens de citer, sont éminemment propres à faciliter ces progrès, qui dependent surtout, maintenant, du bon vouloir et de l'intelligence des planteurs à qui la voie a été particulièrement bien tracée. Dans bien des cas, les procédés asiatiques sont encore employés à Java.

Nous ne croyons pas necessaire de parler ici des thés obtenus plus ou moins recemment dans certaines régions : Etats-Unis, Natal-Transvaal, Paraguay-Brésil, Guyane, Martinique, Algérie, Réunion, Madagascar. Dans plusieurs de ces régions, la culture et l'industrie du thé paraissent devoir se developper comme aux Indes ou à Ceylan, mais très probablement sur une echelle moins importante; dans d'autres, les très courts essais qui ont été accomplis ont été rapidement abandonnes. Suivant que l'on emploie, ou que l'on a employé, dans ces régions, les méthodes européennes ou asiatiques, on y a obtenu des sortes plus ou moins estimables se rattachant à celles que j'ai déjà décrites.

Je ne crois pas pouvoir séparer de ceux de la Chine, dont je parlerai bientôt, les thés de l'Annam (1), qui en sont très voisins, tandis qu'ils sont au contraire très éloignés des thés si caractéristiques de l'Inde ou de Ceylan.

(1 Au sujet de ces thes, si interessants à differents points de vue, et notamment à celui de la theine, je prie le lecteur de bien vouloir se reporter à la remarque de la page 17.

8. — THÉS VERTS FAÇON EUROPÉENNE

D'après tout ce qui précède, nous savons d'une manière générale ce que sont les thés verts. Leur caractéristique est de n'avoir
pas subi de fermentation, et nous avons vu, dans tous les docu-

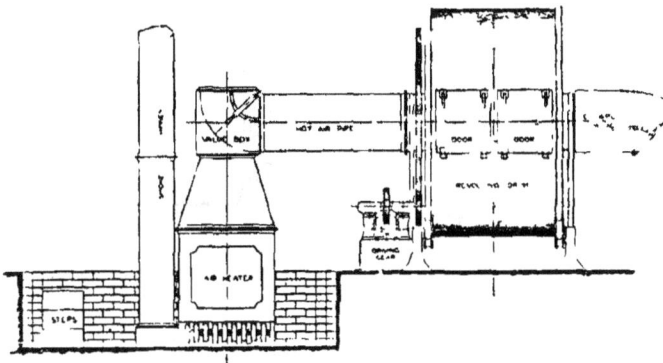

Figure 28
MACHINE DE DAVIDSON POUR LA PRÉPARATION DU THÉ VERT (ÉLÉVATION)

ments comparatifs précités, quelles sont les différences de composition qu'ils présentent avec les thés noirs.

On peut dire, d'une manière générale, que la préparation des
thés verts est restée jusqu'à ces tout derniers temps, et reste
même encore dans une large mesure, le monopole des Asiatiques ;
c'est donc surtout dans les chapitres suivants qu'il importe de
se documenter à leur sujet. Cependant cette situation tend à
changer.

Les thés verts sont très peu consommés en Europe, où leur

marche est relativement peu important, mais il n'en est pas de
meme dans l'Amérique du Nord qui les consomme d'une maniere
presque exclusive. Or l'importance du marché américain a
depuis longtemps excité les producteurs européens de l'Inde,
de Ceylan et de Java, à preparer un thé vert qui puisse combattre, sur ce marché, les thés de la Chine et du Japon.

La préparation du thé vert, malgré sa simplicité apparente, ne
laisse pas que d'être assez délicate, et les essais faits dans cette
voie, jusqu'à ces temps derniers, aussi bien dans les possessions

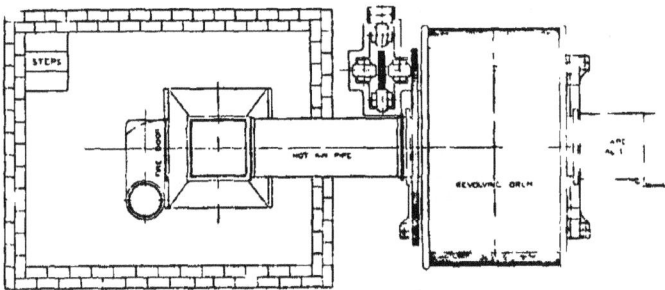

FIGURE 29

MACHINE DE DAVIDSON POUR LA PRÉPARATION DU THE VERT (PLAN).

anglaises qu'à Java, n'ont pas été de nature à détourner les Américains des thés verts asiatiques.

Un des éléments importants de l'appréciation des thes verts
est leur aspect extérieur. Ces thés doivent avoir subi une sorte
de polissage (*glazing*), qu'ils acquièrent naturellement au cours
de la préparation d'après les procédés indigènes, mais que les
procédés à grand rendement, essayés par les Européens, ne leur
donnent qu'imparfaitement. Des machines ont été construites
pour atteindre ce but spécial (v. fig. 28 et 29). Les feuilles y sont
brassees dans une sorte de tambour rotatif (*revolving drum*,
v. fig.), où elles sont en même temps soumises à l'action de l'air
chaud.

Des procédés nouveaux, inspirés de ceux du Japon, viennent
d'être introduits aux Indes par MM. D. DEANE et Ch. JUDGE, et

paraissent donner des résultats infiniment supérieurs aux precédents.

C'est de ces procédés que je voudrais dire quelques mots. Je ne puis d'ailleurs en faire connaître tous les détails, puisqu'ils sont brevetés et que ces détails ne sont pas entièrement divulgues.

Généralement parlant, le système DEANE-JUDGE consiste dans le traitement de la feuille de thé, fraichement cueillie, par la vapeur, dans une machine spéciale, d'ou elle sort ramollie et propre à subir le roulage. Cette opération, fort délicate, demande à être très exactement conduite, car la vapeur pourrait facilement endommager les feuilles au lieu de les mettre en état de subir les autres manipulations. Au sortir de cette première machine, ces feuilles sont envoyées dans une sorte de centrifugeuse : le *strainer* ; ici encore, il importe de centrifuger avec précaution, car un exces de vitesse endommagerait gravement le thé. Ce « strainer » n'est pas absolument nécessaire ; il élimine rapidement l'excès d'humidite contenu dans les feuilles apres leur traitement par la vapeur, et permet ainsi de traiter journellement une grande quantité de feuilles. Il répond donc surtout aux nécessités des grandes entreprises.

Le roulage et la dessiccation sont pratiques ensuite avec les machines qui servent d'ordinaire pour le thé noir, et qui sont décrites dans les chapitres precédents. Mais ici, une opération supplémentaire doit prendre place : c'est une *torréfaction* véritable (*panning*), inspiree de celle que pratiquent les Chinois (v. p. 209) et qui, effectuée dans une machine speciale, fixe definitivement la couleur verte caractéristique.

On obtient ainsi un rendement en the vert egal à 25 pour 100 des feuilles employées, proportion identique à celle que présentent les thés noirs de l'Inde.

D'autres procédés, plus ou moins voisins de ceux des Asiatiques, ont eté, et sont parfois encore, employés aux Indes et à Java pour la confection des thés verts ; ils sont si peu importants, et donnent des résultats d'un caractère si contestable, que je ne crois même pas pouvoir en parler ici.

Il n'en sera pas de même d'une application nouvelle et fort intéressante des recherches sur l'oxydation du thé, qui vient de permettre d'utiliser les poussières de thé vert, dépourvues jusqu'ici de débouché commercial important.

Tandis que le *dust*, ou poussière, des thés noirs conserve une valeur très appréciable, il n'en est pas ainsi de celui du the vert, qui, jusqu'à ces temps derniers, représentait une perte sensible pour le fabricant. Ch. Judge, que j'ai déjà eu à citer, a imaginé de provoquer une fermentation de ces poussières en les mélangeant à des feuilles de thé flétries et prêtes à rouler. Les poussières de thé vert, dans lesquelles l'enzyme a été tuée par le chauffage initial, seraient incapables de fermenter naturellement, mais la teneur en enzyme des feuilles flétries est suffisante pour permettre la fermentation de toute la masse. y compris les poussières qui leur ont été ajoutées

C'est au moment même du roulage, c'est-à-dire lorsque le suc des feuilles commence à exsuder, que cette addition doit être faite.

Les détails de ce procédé ont eté consignes par Ch. Judge dans le n° 32 du *Journal d'Agriculture tropicale.*

CHAPITRE III

ÉTUDE DES PROCÉDÉS ASIATIQUES

I. — THÉS DE CHINE

a) Récolte des Feuilles

Plus peut-être que dans l'Inde ou à Ceylan, la récolte des feuilles est, en Chine, l'objet d'attentions toutes particulières comme l'exigent d'ailleurs les conditions climatériques. En effet, l'uniformité relative des saisons qui s'observe dans les régions théières de l'Asie méridionale, fait place, en Chine et au Japon, à des différences saisonnières parfois très considérables. L'époque de la récolte y a donc beaucoup plus d'importance.

Dans le To-Kien et le Kiang-Si, la première récolte commence dans les premiers jours d'avril. La journée du Chin-Ming (5 avril) lui est (ou lui était) spécialement consacrée. Les pluies et les vents qui succèdent alors à l'équinoxe du printemps passent pour donner aux feuilles de thé un bouquet tout particulièrement suave. La pluie est cependant nuisible à la récolte; aussi se borne-t-on, autant que possible, à la pratiquer pendant une belle journée de soleil, et, de préférence, dans la matinée lorsque les feuilles sont encore scintillantes de rosée.

La récolte diffère quelque peu, et, en apparence, inutilement, selon qu'il s'agit des feuilles destinées à faire le thé vert ou de celles qui devront donner du thé noir.

Pour le thé vert, on a soin de cueillir les feuilles une à une, en les sectionnant, non pas au niveau du pétiole, mais au-dessus de celui-ci qui reste ainsi sur la branche avec la partie basilaire de la feuille. Ce procédé peut favoriser la croissance de nouveaux rejetons à l'aisselle du pétiole, respecté dans toute son intégrité. Les premiers bourgeons donneront surtout le *hyson*; les feuilles suivantes la *poudre à canon*; celles de la dernière récolte fourniront surtout le *tonkay*, variété inférieure aux précédentes. Nous aurons l'occasion de revenir en détail sur les caractères de ces différentes variétés.

Pour le thé noir, la récolte est beaucoup moins minutieuse, et les récolteurs cueillent, à deux mains, les feuilles qu'ils détachent en se servant du pouce et de l'index pour sectionner le pétiole lui-même. La première récolte ayant lieu, dans les régions ci-dessus désignées, au commencement d'avril, les premières feuilles sont encore en bourgeons. Celles qui sont couvertes d'un fin duvet blanc donnent le pekoe à pointes blanches; l'arbuste ne produit cette variété, avec toutes ses qualités, que jusqu'à l'age de six ans. Quelques jours plus tard, on récolte les feuilles suivantes qui donneront le pekoe noir. Une seconde récolte se pratique, en mai, sur les feuilles poussées depuis la première; elle donne le souchong. Enfin, vers la fin de juin, on procède à une troisième récolte qui donnera le congou. Les meilleures feuilles de cette récolte forment la variété campoy et les moins bonnes la variété bohea.

Toutes ces récoltes ont respecté les feuilles de l'année précédente et n'ont intéressé que les feuilles développées l'année, même. On conçoit que plus les récoltes sont rapprochées les unes des autres, plus les feuilles sont petites, mais, aussi, plus elles sont tendres et aptes à donner un produit fin. La première récolte, celle du printemps, est meilleure que la seconde qui est elle-même supérieure à la troisième. Les branches supérieures passent, en Chine, pour donner un meilleur thé que les branches

latérales et surtout que les branches inférieures, et cette croyance
est vérifiée par l'expérience.

Ajoutons que les dates et le nombre de ces recoltes n'ont rien
d'absolu et peuvent varier dans certaines limites. Il arrive notamment qu'au lieu de trois récoltes (chiffre le plus habituel) on n'en
fasse qu'une seule, la seconde et la troisième alors étant remplacées par une véritable *coupe* qui remplace la *taille* des plantations
anglaises et dont le produit sert à fabriquer des thés en briques
(v. à ce sujet p. 247).

b) Préparation des Thés noirs.

Les modes de préparation des divers thés de Chine paraissent
s'être transmis à travers les ages sans modifications sensibles.
Même à notre epoque, la machinerie et les procédés européens
ont fait peu de progrès dans ce pays classique du thé. Ainsi
s'expliquent les différences si sensibles qui existent entre les
produits de l'Inde ou de Ceylan et ceux de la Chine. Dans la lutte
engagée entre ces deux types de produits, l'avantage paraît
devoir, indéniablement, rester aux procédés européens. Les
exportations de la Chine ont considérablement baissé, dans ces
dernières années, sous l'effort de cette concurrence. Les thés
chinois restent, cependant, très appréciés ; certains connaisseurs
les préfèreront toujours aux thés produits par les méthodes
européennes, et il est nécessaire de faire connaitre les procédés
antiques d'après lesquels on les obtient.

Aussi bien dans le cas des thés noirs que dans celui des thés
verts, c'est ici la torréfaction qui est l'objet des plus grands
soins, les autres manipulations semblant faites surtout pour
favoriser celle-ci.

Comme je l'ai dit en parlant de la récolte, les feuilles destinées
à la préparation du thé noir sont cueillies avec une partie de
leur pétiole. Elles sont généralement manipulées dès le jour
même de leur récolte ; dans le cas contraire, elles s'échauffent,

noircissent et perdent de leur parfum, par suite de la fermentation qui s'y développe.

Immédiatement après la récolte, les feuilles sont exposées au soleil pendant environ deux heures, dans de grands paniers de bambou. On les remue de temps en temps pour prévenir une fermentation excessive. Au bout de ce temps, on les porte dans une salle de manipulation où elles sont étendues en couche mince pendant une demi-heure afin de les refroidir; puis on les replace dans des paniers généralement places sur des claies de bambou inclinées. Ces manipulations, qui correspondent au flétrissage des procédés européens, permettent à la fermentation de se développer assez faiblement pour passer inaperçue; elle s'achèvera d'elle-même au cours des manipulations suivantes.

Une fois replacées dans les paniers, les feuilles sont soumises à une légère malaxation pratiquée avec la paume de la main et poursuivie pendant dix minutes. On les étend alors de nouveau pendant une demi-heure, puis on réitère trois ou quatre fois la malaxation et l'épandage jusqu'à ce que les feuilles soient devenues très souples et d'une couleur foncée. C'est là ce qui correspond au roulage et à la fermentation des procédes européens. Le soin minutieux avec lequel les Chinois malaxent les feuilles et en surveillent la couleur leur permet d'arrêter la fermentation en temps voulu, sans même qu'ils se doutent de l'existence de celle-ci. La torréfaction suit immediatement ces malaxations répétées.

Parfois, bien que cette question soit controversée, il paraîtrait que les Chinois plongent les feuilles dans l'eau bouillante, pendant un temps très court, évaluable à une demi-minute environ, après les avoir malaxées pour la dernière fois. Cette immersion aurait pour but, d'après plusieurs auteurs, de dépouiller les feuilles de leurs principes vireux (?). Quel que soit le but que les Chinois puissent lui assigner, elle paraît être surtout de nature à arrêter immédiatement la fermentation; mais on comprend mal pourquoi cette précaution serait prise, puisque la torrefaction, qui suit immédiatement la malaxation, suffit à interrompre cette fermentation. La torréfaction ne s'effectuant, avec les procédés chinois, que sur une petite quantité de feuilles à la fois, peut-être cette immersion serait-elle utile pour interrompre *in toto* la fermentation de la masse.

La pièce dans laquelle se pratique la torréfaction est pourvue d'un certain nombre de fourneaux en maçonnerie, de forme circulaire, arrivant à mi-corps; chacun de ces fourneaux est surmonté d'une sorte de bassine de fonte, en forme de calotte, inclinée vers le torréfacteur de telle sorte que les feuilles, retombant toujours vers lui, il n'ait qu'à les rejeter constamment vers la partie supérieure pour assurer une torréfaction régulière.

Un feu de bambou, bien clair, ayant été allumé sous chaque bassine, et celle-ci ayant été portée a 60 ou 70° C., ou même au rouge dans certains cas, le torréfacteur y jette environ deux livres de feuilles, qu'il étend uniformément; il les retourne soigneusement, en tous sens, avec les mains, jusqu'à ce qu'elles deviennent absolument brûlantes; ceci dure à peine une demi-minute. Les feuilles sont alors retirées du feu et jetées dans des mannes placées à côté du torréfacteur; on les vanne et on les évente, pour les refroidir rapidement, puis on les étend sur une table, autour de laquelle d'autres ouvriers vont s'occuper de les enrouler.

A cet effet, chacun réunit un petit tas de feuilles devant soi, en prend une poignée et la frotte vivement par un mouvement circulaire inverse des deux paumes. La poignée de feuilles prend ainsi la forme d'une boule et laisse exsuder un suc verdâtre. Ces boules sont défaites, puis roulées plusieurs fois de nouveau, et finalement reportées au torréfacteur qui leur fait subir un second chauffage. On réitère trois ou quatre fois ces alternatives de torréfaction et d'enroulement. Entre chacune d'elles, les bassines sont soigneusement nettoyées avec de l'eau et aussi par frottement avec une verge de bambou, qui en détache les parties de feuilles restées adhérentes au métal. Celles-ci, en se consumant, dégageraient des vapeurs nuisibles à l'arome du thé.

Après le dernier enroulement, une dessiccation définitive est pratiquée au moyen d'un dispositif aussi simple qu'ingénieux. Celui-ci est d'ailleurs usité, avec plus ou moins de modifications, dans les pays théiers où la machinerie anglaise n'est pas encore

14

répandue, comme certaines régions de Java, par exemple.

Ce dispositif consiste en une sorte de tamis placé à la partie médiane d'un panier formé de deux troncs de cône juxtaposés par leur sommet tronqué. Ce panier peut être placé au-dessus d'un fourneau circulaire, dont il recouvre exactement les bords, et dans lequel brûle un feu de bois amené à un point tel qu'il soit légèrement flamboyant et n'exhale ni odeur, ni fumée. Les feuilles sont placées sur le tamis en question, et celui-ci est secoué jusqu'à ce que l'on soit sûr qu'aucune feuille ne peut passer au travers; si cet accident se produisait pendant que le panier est sur le feu, les feuilles tombant dans le brasier dégageraient une fumée susceptible de nuire à l'arome délicat du thé.

Ces précautions étant prises, alors seulement le panier est placé sur le fourneau; les feuilles qui s'y trouvent sont suffisamment éloignées du feu pour qu'elles se dessèchent sans risquer de se consumer. On les retire avant qu'elles n'aient perdu toute flexibilité, et on les étale sur de vastes claies isolées du sol.

Le lendemain, des groupes de femmes et d'enfants procèdent, à la main, au triage de ces feuilles; ils les répartissent suivant leur grandeur et leur finesse, séparant les mieux roulées ou les mieux torréfiées de celles qui le sont moins. Ce triage, infiniment plus minutieux que l'opération assez brutale qui en tient lieu, là où on emploie exclusivement les procédés mécaniques, permet l'établissement de catégories parfaitement homogènes, dont les premières sont, on le comprendra facilement, de très haute qualité.

Les feuilles les plus jeunes et les plus tendres donneront le *pekoe*, les suivantes le *pouchong* (ou *pawchong*), puis le *souchong*, et enfin le *congou*. On voit que les factoreries européennes ne font que nuire à la classification fondamentale des Chinois.

Après cet assortiment, les feuilles sont encore séchées à feu doux, avec le même dispositif que précédemment, et parfois même on procède à plusieurs de ces dessiccations ultimes. On reconnaît qu'elles ont atteint le dernier degré de dessiccation qu'elles doivent présenter lorsqu'elles ne peuvent plus être roulées sur elles-mêmes et se brisent sous la pression des doigts.

Elles sont emballées, généralement encore chaudes, dans de grandes caisses où on les tasse avec les plus minutieuses précautions de propreté.

Des variantes sont maintes fois apportées à ces procédés. C'est ainsi que l'on se borne parfois à une seule torréfaction. En Chine comme ailleurs, tous les fabricants sont loin d'apporter des soins identiques à la préparation du thé.

c) Préparation des Thés verts.

Dès que les feuilles destinées à être transformées en thé vert ont été récoltées (nous avons vu qu'on a généralement soin de les cueillir sans pétiole), elles sont apportées dans la salle de torréfaction, puis immédiatement torréfiées comme l'avaient été les feuilles destinées à être transformées en thé noir; elles ne sont donc pas soumises, comme ces dernières, à des épandages préalables variés.

Cette torréfaction paraît être un peu plus prolongée que dans le cas de thé noir. Elle est suivie de malaxations qui ne sont pas absolument identiques à celles des cas précédents. On pétrit les feuilles à la main, non pas de manière à les réduire en boules, mais de façon à les agglomérer en ellipsoïdes ou en petits cônes. Ceux-ci sont exposés au soleil, sur des mannes isolées du sol, pendant huit à dix minutes. Ils sont ensuite défaits, et les feuilles ainsi séparées sont réexposées au soleil, puis on les refaçonne en cônes. Ces opérations sont répétées deux ou trois fois de suite. En temps de pluie, l'épandage des feuilles se fait dans une pièce intérieure transformée en étuve.

On les rejette finalement dans les bassines chauffées, en les tournant et les retournant en tous sens; puis, dès qu'elles sont sur le point de brûler, on les retire rapidement pour les placer dans un panier, d'où elles sont reprises pour être enfermées, par lots de 15 à 20 livres, dans des sacs de toile épaisse.

Les ouvriers saisissent alors ces sacs par l'ouverture, puis les
battent vigoureusement en les retournant fréquemment; ils
réduisent ainsi les feuilles à un volume qui peut atteindre le
tiers du volume primitif. Le sac est alors pressé et tordu sur
lui-même, et son contenu, perdant toute humidité, devient dur
et résistant; cependant, en raison de leur torréfaction et malaxation préalables, les feuilles ne s'attachent pas les unes aux
autres.

Sacs et feuilles sont abandonnés à eux-mêmes, en cet état,
jusqu'au lendemain matin; celles-ci sont alors retirées, dépliées
et finalement passées au feu comme celles des thés noirs, jusqu'à
ce qu'elles soient recroquevillées sur elles-mêmes. HOUSSAYE, à
qui j'emprunte la plupart de ces détails, rapporte que ce thé,
enfermé dans des caisses ou des paniers de bambou, est conservé,
à cet état, pendant plusieurs mois (de deux à six), après lesquels
il subirait une dernière préparation.

Celle-ci se pratiquerait de la manière suivante : les feuilles
sont exposées à l'air dans de grandes corbeilles, jusqu'à ce
qu'elles soient assez amollies pour pouvoir être enroulées. On
les jette alors dans les bassines à torréfaction, par lots de
7 livres environ; elles y subissent une malaxation légère pratiquée en appuyant sur la masse et en la déplaçant avec la
paume de la main.

Au bout d'une heure, les feuilles sont jetées sur un système
de cribles superposés, qui opèrent un tamisage aboutissant à
une répartition, d'après la grosseur, en trois catégories. Mais ce
triage n'est que préalable, et les feuilles sont ensuite soumises à
un vannage mécanique qui répartira chacune de ces catégories
en plusieurs classes.

La machine à vanner le thé, employée par les Chinois, se
compose d'un entonnoir correspondant à une auge divisée en
trois cases fixes au fond de chacune desquelles se trouve une
trappe par où le thé tombe dans un panier disposé à cet effet. A
l'une des extrémités de cette auge, et près de l'entonnoir, est
placé un grand éventail mû par une roue que l'ouvrier tourne
d'une main, tandis que de l'autre il dirige une coulisse disposée

au fond de l'entonnoir pour régler la quantité de thé qui doit tomber à la fois.

Le courant d'air provoqué par l'éventail chasse les feuilles, d'après leur poids, dans l'une des trois cases fixes de l'auge. Les poussières sont rejetées à l'extrémité de celle-ci, et tombent, par une ouverture spéciale, dans le panier qui leur est destiné.

Les feuilles les plus jeunes et les plus tendres sont portées par le courant d'air jusque dans la dernière case ; elles forment le *young hyson*, ou *hyson junior* (*hyson uchui* des Chinois), qualité très hautement estimée.

D'autres feuilles un peu moins fines, formant le *hyson* (*ching cha*), sont rejetées dans la même case ; elles sont parfois séparées des précédentes au moyen d'une cloison secondaire, d'autres fois elles seront triées à la main d'avec le *young hyson*.

Les feuilles suivantes, tombées dans la case médiane, constituent la *poudre à canon* (*cheo chen*) ; elles sont ainsi nommées parce que leur volume leur a permis de s'enrouler en petits grains ressemblant à ceux d'une poudre grossière. Enfin le thé le plus lourd, qui s'est enroulé comme les feuilles précédentes, mais en grains plus gros, forme la *grosse poudre à canon* (*tychen*), parfois dite *thé impérial*.

D'autres catégories sont encore établies : telles sont les vieilles feuilles (*hyson skin*), les petits bouts *(poo cha)*. Les poussières de belle qualité reçoivent des Chinois le nom de *cha moot* (HOUSSAYE).

Les grains de la *grosse poudre à canon* sont très gros, et souvent composés de plusieurs jeunes feuilles agglomérées ensemble. Ils sont fréquemment sectionnés avec un instrument tranchant, et mélangés à la *poudre à canon* proprement dite, de laquelle sont très voisins comme qualité. C'est là un acheminement vers les procédés, quelque peu artificiels, du criblage mécanique des factoreries européennes.

Un dernier triage à la main parachève le classement des thés verts ; des femmes et des enfants enlèvent avec attention les

débris divers qui dépareraient chaque catégorie ; ils s'aident
parfois de tamis variés. Ces manipulations sont longues et
dispendieuses, mais la qualité du thé en profite largement. On
procède, finalement, à une dernière dessiccation, dans les
bassines, et, le plus souvent, celle-ci est accompagnée d'une
coloration artificielle dont les procédés, restés longtemps
inconnus des Occidentaux, sont maintenant complètement
dévoilés.

Cette coloration se fait au moyen d'une poudre verdâtre,
répandue sur les feuilles pendant leur dernier séjour dans la
bassine, à raison d'une demi-cuillerée à café pour 7 livres de
feuilles environ. Cette poudre est composée de trois quarts de
sulfate de chaux et d'un quart d'indigo en poudre ; ces deux
substances sont finement pulvérisées, et passées à travers une
mousseline très fine (1).

Après avoir saupoudré les feuilles de cette matière, on les
roule pendant une heure au moins pour qu'elles se colorent
uniformément. Le sulfate de chaux semble avoir ici pour effet de
fixer la coloration provoquée par l'indigo. Cette adultération ne
paraît pas influencer sensiblement la qualité du thé.

Après la dernière torréfaction, au cours de laquelle a eu lieu
cette coloration artificielle, les feuilles sont emballées, encore
toutes chaudes, dans des caisses plus ou moins semblables à
celles de thé noir.

Les thés, verts ou noirs, destinés a l'exportation, sont emballés
dans des caisses vernissées, doublées intérieurement de lames
d'étain (ou de plomb), et revêtues extérieurement de ces papiers

---

(1) Il existe plusieurs formules de colorants pour thes verts. L'indigo en est la
base fondamentale ; on lui mêle souvent du curcuma, qui fait tourner au vert la
couleur naturellement bleue de l'indigo. On ajoute parfois de l'argile à ces
melanges colorants. Nous n'en finirions pas si nous devions enumérer toutes les
ruses, plus ingénieuses les unes que les autres, que l'esprit inventif des
Asiatiques a su inventer pour colorer les feuilles de the, surtout lorsque, la preparation de celles-ci etant manquee, il importe de leur restituer un aspect qu'elles
n'ont plus du tout, et sans lequel elles ne pourraient se vendre qu'à un prix
inférieur.

enluminés, bien connus, qui ont pour but non seulement l'orne-
mentation de la boîte, mais encore l'obturation de toutes les
fentes que celle-ci peut présenter. Elles sont fréquemment, en
outre, emballées dans des nattes de bambou d'un tissage très
serré. Les caisses de thés fins envoyées en Russie par voie de
terre (thés de caravane) sont recouvertes de peaux. Ajoutons à
ce sujet que les thés de caravane sont de plus en plus rares. Ces
thés, transportés à dos de chameau, ou même à dos d'homme, à
travers la Mongolie, la Mandchourie et la Sibérie, jusqu'à Nijni-
Novgorod, étaient l'objet de soins de préparation et d'emballage
tout particulièrement sérieux. Leur très haute qualité était due
non seulement à ces soins, mais encore à ce fait qu'ils n'arri-
vaient à la consommation qu'après avoir lentement développé
tout leur arome dans les colis d'origine, au cours du long
voyage de dix-huit mois, ou même plus, qu'ils devaient accomplir. Nous verrons plus loin (p. 217) tout ce que cette dernière
condition peut exercer de favorable sur la qualité des thés artificiellement aromatisés que préparent les Chinois.

d) Les Parfums artificiels dans les Thés de Chine.

L'examen des thés de Chine permet de voir que des éléments
empruntés à diverses plantes étrangères au thé lui sont fréquemment ajoutés. Cette addition a pour but de varier l'arome
naturel du thé. Elle se pratique avec un art véritable, que
rejettent les producteurs Européens, surtout ceux qui s'adressent
à la clientèle Anglo-saxonne ne recherchant que l'arome pur du
thé. Cette aromatisation artificielle développe, dans certains
thés de la Chine, un parfum d'une rare suavité qui paraît devoir
lui assurer, pour longtemps encore, une clientele peut-être
restreinte, mais fidèle, dont font partie les vrais amateurs
recherchant la délicatesse de l'arome plutôt que la force ou les
qualités surexcitantes dans leur boisson favorite.

Les thés noirs, aussi bien que les thés verts, sont parfumés
artificiellement par les Chinois, et, d'une manière plus générale,

par tous les Asiatiques. Ceux-ci ont tenu caché, le plus longtemps possible, les procédés dont ils se servent à cet effet, mais
ces procédés, d'ailleurs assez simples, sont maintenant parfaitement connus.

Les feuilles destinées à subir l'aromatisation artificielle sont
réparties, après leur dernière torréfaction, dans des récipients
où l'on place alternativement des couches minces de feuilles de
thé et des couches minces de fleurs, sur la nature desquelles je
reviendrai plus loin. On recouvre finalement le récipient avec de
la paille, puis on l'abandonne à lui-même pendant toute une
journée, et le lendemain, il est passé sur le feu pendant une
une heure ou deux. Un triage ultime sépare ensuite les feuilles
de thé des éléments aromatiques mis à leur contact.

Chacun sait que le thé absorbe avec la plus grande facilité les
odeurs des objets placés dans son voisinage, ce fait est du reste
l'une des causes pour lesquelles ce produit s'altère aussi facilement; on comprend donc que, au cours de son séjour entre des
couches de fleurs aromatiques, il ait pu absorber le parfum de
celles-ci à un point tel que son arome propre soit entièrement
modifié. Tout le secret de cette pratique réside dans le choix
judicieux des plantes qui doivent ajouter leur parfum à celui
du thé.

L'*Olea fragrans* et le *Camellia sesanqua* paraissent être au
premier rang de celles-ci. Le premier (olivier odorant, *lan hoat*
des Chinois) est très différent du thé, mais le second en est si
voisin que ce n'est guère qu'à la floraison qu'on peut se rendre
un compte exact de leurs différences. Les Chinois le désignent
sous le nom de *cha-chou* (littéralement, fleur de thé) qui marque
bien son degré de ressemblance avec le thé véritable.

Ces deux plantes ne sont pas les seules à jouer un rôle dans
l'aromatisation artificielle des thés de Chine. La fleur d'oranger,
le jasmin d'Arabie (*Nyctanthes sambac*), les *Magnolia*, l'anis
étoilé ou badiane, le *Vetex pennata* L., le *Chlorantius inconspi-
cuus* Schw., l'*Aglaia odorata* Lour., les *Gardenia*, et probablement encore beaucoup d'autres plantes, sont employées dans
le même but, seules ou mélangées.

Quelle que soit l'espèce aromatique mise à contribution, tout n'est pas terminé lorsqu'un triage minutieux a éliminé, autant que possible, les traces qui pourraient en subsister au milieu des feuilles de thé. Celles-ci ont absorbé le parfum étranger avec une puissance qui donne à leur arome une force plus ou moins violente. Pour obtenir un parfum plus délicat, plus moelleux et plus souple, on mélange, dit M. Guigon, environ 500 grammes de thé fortement parfumé, à 9 ou 10 kilogrammes de feuilles n'ayant pas subi le contact des fleurs. L'action du parfum étant ainsi transmise indirectement, il en résulte une souplesse que ne peuvent avoir les thés mêlés directement aux espèces aromatiques.

Ce n'est qu'au bout d'un temps assez long que cette aromatisation au second degré pourra avoir développé tout son effet. On compte, dit encore M. Guigon, sur un délai de deux ans pour que le thé puisse atteindre l'état d'arome optimum. Il ne s'agit ici, bien entendu, que des thés supérieurs. La nécessité d'un emballage hermétique est particulièrement évidente pour ces sortes de thés. Ce serait donc une grave erreur, en définitive, que de croire qu'un thé est forcément d'autant meilleur qu'il est plus nouveau. C'est en grande partie à leur ancienneté que les thés de Caravane ont dû leur réputation si justement méritée.

Lorsque ces thés ont perdu une partie de leur arome, par exemple à la suite d'une ouverture trop prolongée de la caisse qui les contient, cet arome peut être partiellement restauré par l'exposition des feuilles, étendues en couches minces pendant quelques minutes, devant un feu modéré. Cette pratique est également bonne pour les thés non aromatisés.

2. — PRÉPARATION

DES

OOLONGS ET DES POUCHONGS DE FORMOSE

Nous croyons devoir exposer ici la préparation de deux thés assez particuliers, considérés le plus souvent comme intermédiaires aux thés noirs et aux thés verts, et qui constituent surtout la spécialité de l'île de Formose.

Consacrée en grande partie, et depuis fort longtemps, à la production du thé, Formose avait déjà vu s'accomplir quelques améliorations dans cette industrie pendant les derniers temps de l'occupation chinoise. Dès les premiers temps de l'annexion de cette île par le Japon, le gouvernement japonais s'est employé sans relâche à y développer la culture et l'industrie du thé (1). L'introduction de la machinerie anglaise paraît devoir être imminente à Formose, mais, pour le moment, les modes de préparation restent éminemment asiatiques, tout en appartenant à un type perfectionné qu'il serait peut-être dangereux de vouloir modifier trop complètement.

A Formose, la récolte des feuilles a lieu environ dix fois par an (d'avril à novembre). Aucune machinerie n'est actuellement employée pour leur traitement ; tout est fait à la main, avec des instruments primitifs dans lesquels le bambou tient la plus grande place, et qui sont admirablement adaptés à leur destination. Les résultats dépendent donc surtout de l'habileté des

(1) Pour les détails concernant ce sujet, je renvoie à l'étude que j'ai publiée dans le *Journal d'Agriculture tropicale*, 1903, n° 21.

ouvriers, qui n'arrivent à la perfection, dans cet art véritable, qu'après plusieurs années de pratique. Certains des thés ainsi obtenus sont de toute première qualité.

Les thés de cette provenance se répartissent en deux grandes catégories, dont la préparation primitive est commune : ce sont les *oolongs* et les *pouchongs*. Les premiers sont destinés aux marchés de Londres et d'Amérique (surtout à ceux-ci); les seconds sont plus spécialement consommés dans le pays même, et aussi au Japon et dans les Straits settlements. Ces derniers, seuls, sont aromatisés artificiellement; leur préparation à Formose ne paraît remonter qu'à une date assez récente.

a) Oolongs de Formose.

Ces thés subissent deux préparations successives et bien distinctes; la première, qui est de beaucoup la principale, est faite par le planteur lui-même, tandis que l'autre a lieu chez les marchands de thé, au moment de l'exportation, et ne consiste qu'en une torréfaction définitive, suivie d'un triage minutieux et de l'emballage pour Amoy ou Kobe.

D'une manière tout à fait générale, les oolongs de Formose se répartissent en thés de printemps, d'été, d'automne et d'hiver, et la préparation de chacune de ces catégories est soumise à des usages spéciaux.

Les feuilles sont toujours étendues, immédiatement après leur récolte, sur des toiles de coton nommées *mod-pô-tia*, et laissées au soleil jusqu'à ce qu'elles commencent à se friser. C'est là un véritable *flétrissage*. Cette dessiccation au soleil est plus ou moins longue, d'après l'état de l'atmosphère. On trouvera, à la fin de ce chapitre, un tableau indiquant la durée de cette dessiccation, et des diverses opérations qui la suivent, pour les thés des différentes saisons. Pendant cette première manipulation, des ouvriers retournent fréquemment les feuilles, toutes les cinq ou six minutes environ; c'est à la fois leur apparence et leur odeur qui indiquent le moment auquel on doit arrêter ce flétrissage.

Les feuilles sont ensuite portées dans des chambres où elles sont étendues sur des sortes de claies rondes en bambou, nommées *ka lei;* ces claies sont superposées les unes aux autres, et disposées en pente; chacune d'entre elles reçoit de 1 lb 1/2 à 2 lbs de feuilles. Celles-ci doivent être fréquemment retournées, et l'on profite de ces manipulations pour les rouler entre les mains. Un temps sec et beau est à peu près nécessaire pour cette partie surtout de la préparation des oolongs, l'humidité de l'atmosphère étant très préjudiciable à l'arome. Il est facile de voir qu'il s'agit ici d'un stade de fermentation ; le commencement de roulage entre les mains doit avoir pour effet de favoriser cette fermentation, pour des motifs que nous avons longuement exposés ci-dessus.

Les feuilles sont alors placées sur de plus vastes claies, ou même dans des sortes de vases (*kamwo*), par quantités de 30 à 40 lbs, et y sont encore fréquemment retournées. Elles subissent ainsi, par suite de leur plus grande accumulation, une fermentation plus forte et plus complète que la précédente, et qui leur permet d'acquérir tout leur parfum. On arrête l'opération quand ce parfum est jugé le plus satisfaisant, et quand l'extrémité de la feuille est devenue brun-rougeâtre.

Pendant toute la durée du flétrissage et de la fermentation, l'habitude est prise de surveiller constamment l'état de l'atmosphère et de s'inspirer de cet état pour raccourcir ou allonger la durée des opérations.

Dès que le parfum et la couleur sont jugés satisfaisants, les feuilles sont portées, par quantités de 2 lbs 1/2 à 3 lbs, ou un peu plus, dans les bassines de torréfaction. Cette partie de la préparation est encore très délicate, il est extrémement difficile d'arriver à donner exactement aux bassines la température requise, et le moindre écart peut être néfaste à la qualité du produit. Seuls, des ouvriers rompus à cette pratique peuvent mener à bonne fin la torréfaction.

Tantôt on chauffe pendant six à sept minutes dans la même

bassine, tantôt on interrompt la torréfaction au bout de trois ou quatre minutes, pour la continuer, pendant deux ou trois autres minutes, dans de nouvelles bassines.

Les feuilles, ramollies par la torréfaction, sont ensuite déversées sur de petits plateaux de bambou, et portées sur les tables spéciales *(hai-i)*, où elles subiront, pendant deux ou trois minutes, un roulage à la main.

Elles doivent encore subir ensuite une nouvelle torréfaction, dans des bassines moins chaudes que les premières, après quoi elles seront encore roulées, mais pendant plus longtemps (sept à huit minutes).

On procède alors à la dessiccation définitive, qui se fait en deux ou trois temps, d'après un procédé très voisin de celui que j'ai déjà décrit (p. 210).

5 à 6 lbs de charbon de bois sont allumées dans un fourneau spécial; lorsqu'elles sont arrivées à se consumer sans dégager de fumée, une sorte de cylindre de bambou, sans fond, est placé sur le fourneau, et on le surmonte d'un fin tamis sur lequel les feuilles seront exposées par petites quantités (une demi lb environ chaque fois); leur séchage s'effectue en une ou deux minutes.

Le second séchage est semblable au premier. Le troisième s'effectue au-dessus d'un feu doux, recouvert de cendres, par quantités de 6 à 7 lbs à la fois; il dure de deux à trois heures pendant lesquelles on agite les feuilles toutes les dix minutes environ.

Comme je l'ai déjà dit, l'état de l'atmosphère influence ce mode compliqué de préparation. Le tableau ci-annexé renseignera suffisamment à ce sujet. Ce qu'à pour but le fabricant de Formose, c'est de donner à ses oolongs l'arome et la couleur nécessaires à l'infusion; ce sont surtout ces qualités que visent les acheteurs de ces thés, et leur apparence à l'état sec est assez peu importante au point de vue commercial. Ils sont délivrés en sacs de 34 kilogrammes environ, d'où leur nom générique de « thés en sacs ». La préparation réduit dans la proportion de quatre à un le poids des feuilles fraîches.

Les oolongs d'été sont réputés les meilleurs ; ceux d'automne leur sont un peu inférieurs, mais trouvent cependant un marché favorable ; ceux d'hiver ou de printemps s'équivalent à peu près, et sont d'un arome bien moins satisfaisant.

Les planteurs de Formose attribuent une très grande importance au roulage dans la production de l'arome. Nous avons vu en quoi cette manipulation peut favoriser la fermentation, d'où dépend effectivement, au moins en partie, le parfum du thé.

DURÉE DES MANIPULATIONS SUBIES PAR LES OOLONGS DE FORMOSE

	Printemps	Été	Automne	Hiver
Flétrissage au soleil. . . .	30^m	7^m	13^m	30^m
Première fermentation . .	2^h	1^{h}30^m	1^{h}40^m	2^{h}20^m
Deuxième fermention . . .	—	—	2^h	2^{h}10^m
Première torréfaction. . .	5^m	5^m	5^m	5^m
Premier roulage	3^m	3^m	3^m	3^m
Deuxième torréfaction. . .	4^m	4^m	4^m	4^m
Deuxième roulage.	—	—	—	—
Premier séchage	2^m	2^m	2^m	2^m
Deuxième séchage	2^m	2^m	2^m	2^m
Troisième séchage. . . .	3^h	2^{h}30^m	3^h	3^h

Les dernières manipulations, qui se réduisent surtout au criblage et à l'assortiment, se font, comme je l'ai dit, non plus chez le planteur, mais chez les marchands qui expédieront ces oolongs sur les places d'exportation.

Ces marchands soumettent d'abord le thé à un criblage à travers un tamis à gros trous, puis à un vannage avec l'appareil nommé *sho ka lei*. On isole ainsi les feuilles les plus fines (les meilleures), qui sont alors soumises, pendant sept à huit heures, à une nouvelle dessiccation au feu ; elles sont bonnes, dès lors, à être emballées. Cette dernière préparation réduit de 10 à 15 pour 100 la quantité primitive.

Les caisses d'oolongs de Formose sont, comme d'ordinaire, des caisses de bois carrées, doublées de métal ; c'est ici le fer blanc qui est surtout employé. Le bois usité pour la confection des caisses rappelle celui de *Cryptomeria*, mais il est plus dur et moins élastique ; on l'importe chaque année d'Amoy. Les dimensions de ces caisses ne sont pas uniformes ; elles contiennent de 7 1/2 à 33 catties (c'est-à-dire de 10 à 44 lbs) et sont toujours revêtues, extérieurement, de papier peint représentant des fleurs, des oiseaux, des personnages, et portant en outre le nom du marchand. A cet état le thé reçoit le nom de « thé en caisses », par opposition à celui de « thé en sacs » qu'il porte à sa sortie de chez le planteur.

Au point de vue de la consommation, les oolongs de Formose sont considérés comme tenant le milieu entre les thés noirs et les thés verts. Ils sont très appréciés aux Etats-Unis, qui en achètent les neuf dixièmes ; il s'en vend un peu au Canada et en Angleterre. On les répartit, commercialement, en huit variétés auxquelles je conserve ici les noms anglais sous lesquels elles sont connues :

1° Choicest.	5° Superior.
2° Choice.	6° Good.
3° Finest.	7° Fair.
4° Fine.	8° Common.

b) Pouchongs de Formose.

La préparation des sortes dites « pouchongs » a été connue en Chine dès l'antiquité. Nous aurons à en parler lorsque nous traiterons de la classification générale des thés préparés d'après les procédés asiatiques. Elles sont caractérisées par leur aromatisation artificielle.

Les pouchongs ne sont préparés à Formose que depuis une vingtaine d'années. Ils sont obtenus par entassement des thés *oolongs* dans des chambres closes, où ceux-ci sont mélangés de fleurs aromatiques, notamment de *Gardenia*, *Aglaia odorata*, *Nyctanthes sambac.* etc. On sèche ensuite ce mélange, et l'on en sépare à la main les éléments étrangers au thé. On emploie ici, en somme, les procédés que j'ai exposés (p. 215).

Ces pouchongs participent donc de toutes les qualités des *oolongs*, et ils ont, en plus, un parfum spécial, emprunté à la fleur ou au mélange de fleurs avec lesquels ils ont été mêlés. Ils reçoivent généralement, en plus de leur nom générique, un qualificatif qui rappelle le parfum spécial qui leur a été ainsi ajouté.

Les caisses de thés pouchongs sont généralement toutes d'une capacité uniforme, qui est de 20 catties ou 27 livres anglaises. Elles sont habillées de papier, comme les caisses d'oolongs, et souvent aussi de nattes de bambou tressé. Le valeur varie de 1 niu (37 gr. 1/2 d'argent) à 4 niu, d'après la qualité du contenu.

Ces thés se vendent à Java, Bornéo, Sumatra, en Australie, en Annam, au Siam, à Singapoore, et dans toute la région des Straits Settlements.

L'Espagne en consomme également une certaine quantité.

3. — THÉS DU JAPON

Pour la récolte du thé, comme pour une foule d'autres procédés, le Japon imite la Chine, en perfectionnant parfois ses coutumes. La première récolte s'y fait à la fin de février ou au commencement de mars. La seconde a lieu fin mars ou commencement d'avril. La troisième et dernière récolte a lieu en juin : les feuilles sont alors très abondantes et complètement épanouies, mais leur produit est, d'une manière générale, le moins bon. C'est la première récolte qui fournissait autrefois le thé impérial, réservé à l'empereur, aux princes et aux grands seigneurs.

Ces époques de récolte, pour le Japon comme pour la Chine, n'ont rien d'absolu. Elles varient comme leur nombre même, réduit le plus souvent à deux par suite de la lenteur avec laquelle se reconstitue le théier sous le climat du Japon.

J'exposerai plus loin (p. 251) la classification des thés du Japon telle qu'elle est faite par les importateurs américains, qui en sont les principaux acheteurs. Dans le pays, on distingue surtout les sortes suivantes (1) : *sen cha, kaimari, ten cha, ko cha* ou thé noir, et enfin les thés en briques.

En outre, dans les régions où l'on utilise les feuilles des théiers sauvages, on prépare quelques produits grossiers tels que :

1° Le *ban cha*, composé de feuilles cueillies en mai, cuites à la vapeur dans un chaudron, roulées à la main, et séchées au soleil ou au feu.

(1) Les renseignements qui suivent sont surtout empruntés à l'ouvrage de KRASNOW et m'ont été aimablement communiqués par M VILBOUCHEVITCH.

15

2° Le « thé vert des paysans », préparé à peu près de la même façon.

3° Le *kro cha*, voisin des précédents.

4° Le *khan tek*, étuvé, roulé sur des nattes, séché au soleil, puis torréfié à feu nu dès qu'il se produit un noircissement des feuilles.

5° Le *si cha*, composé de feuilles jaunes et vieilles cueillies sans soin, en mai, puis entassées dans une sorte de tonneau que l'on chauffe par en bas, à deux reprises, mais seulement jusqu'à ce que ces feuilles se ramollissent. C'est là une cuisson à l'étuvée. Les feuilles sont ensuite vidées sur une natte, abandonnées à la fermentation pendant deux jours ou même plus, puis replacées dans leur tonneau où elles séjournent jusqu'à l'année suivante. On a soin de les maintenir sous une forte pression. Finaleme t, ce thé bizarre, fortement aggloméré est découpé en blocs qui sont des sortes de briques de thé (v. p. 247) primitives. Peut-être est-ce là ce qui a donné naissance à l'industrie des véritables briques de thé ; remarquons cependant que celles-ci sont préparées depuis fort longtemps en Chine, tandis qu'elles ne le sont, au Japon, que depuis quelques années.

Les thés du Japon sont surtout des thés verts. La préparation du thé noir a fait, dans ce pays, l'objet de tentatives analogues à celles dont le thé vert fait l'objet aux Indes Anglaises, mais le succès n'a pas encore couronné ces tentatives, et les thés noirs du Japon sont nettement inférieurs. Les thés verts de cette même provenance, quoique peu appréciés en Europe, sont parfois de très haute qualité. Les manipulations qu'ils subissent peuvent se répartir ainsi : étuvage, roulage, séchage, triage.

Etuvage. — Cette opération *fixe* la couleur verte de la feuille, lui fait perdre son odeur relativement désagréable de feuille fraîche, et lui communique aussi une élasticité équivalente à celle que le flétrissage provoque dans les feuilles destinées à être transformées en thé noir. L'étuvage est très délicat à conduire ; un excès dans un sens ou un autre peut irrémédiablement compromettre le succès de l'opération ; on estime qu'il vaut mieux le pousser un peu trop que pas assez. Un excès peut, il est vrai, être nuisible à l'arome, mais il semble que celui-ci puisse être partiellement récupéré par une torréfaction judicieuse.

On réalise l'étuvage en plaçant les feuilles dans un bac dont le fond est formé d'une claire voie de bambou, et en plaçant ce bac au-dessus d'un chaudron partiellement rempli d'eau. Une charge de feuilles équivaut à 225 grammes environ et subit l'action de la vapeur pendant trente secondes. La température au niveau du fond de bambou ne dépasse pas 80 à 95° C. On interrompt, en tout cas, l'opération, dès que les feuilles dégagent une odeur caractéristique, qui n'est autre que l'arome du thé. Il faut avoir soin de remuer constamment ces feuilles avec une baguette, à laquelle elles adhèrent dès qu'elles sont arrivées au point voulu. On refroidit alors rapidement par épandage, et par fois en outre par ventilation.

Roulage et séchage. — Ces deux manipulations sont généralement simultanées.

Sur des fourneaux d'argile, remplis de charbons ardents ou de cendres chaudes de paille de riz, sont placés des cadres de bambou tendus d'un papier empesé à l'amidon. Sur ce papier, on étale 2 kilogrammes de feuilles que l'on roule d'abord faiblement, puis de plus en plus fort, jusqu'à ce qu'elles aient pris la forme de petites boulettes, sans toutefois s'accoler les unes aux autres ; chaque feuille doit rester rigoureusement indépendante.

Dès qu'un commencement assez net de dessiccation s'est manifesté, on réunit sur deux cadres le contenu de trois, et l'on roule de nouveau en observant les mêmes règles. La température peut s'élever, sur ces cadres de bois et de papier, à 75-85° C , et même atteindre exceptionnellement 94° C.

Lorsque le roulage est jugé satisfaisant, les feuilles sont abandonnées sur des cadres exposés à une température plus faible, de 65 à 75° C., et simplement remuées de temps en temps. Finalement, on vide le fourneau de ses cendres, on étend un papier sur le fond, puis les feuilles sont étalées sur ce papier et soumises ainsi à la réverbération ou à la chaleur directe des parois du fourneau.

Triage. — Il est fait au moyen de tamis de six numéros

différents, dont les mailles varient de 1 mil. 8 à 3 ou 4 millimètres.
Chaque tamisage est répété deux fois, et le thé est de nouveau
torréfié, pendant cinq à sept minutes, avant d'être emballé,
Celui qui doit être exporté subit une dernière torréfaction au
port d'embarquement (1).

Telle est la préparation la plus ordinaire du thé. Elle donne
les *sen cha*.

Le *kaimari* constituait la qualité la plus répandue il y a
quelques siècles. C'est un thé vert non étuvé, dont les feuilles
sont jetées dans une bassine de torréfaction immédiatement
après leur recolte. Après avoir été torréfiées une première fois,
elles sont roulées à la main, puis retorréfiées, et ainsi de suite
jusqu'à huit ou neuf fois. C'est là, en somme, le procédé chinois ;
il est presque complètement abandonné au Japon.

Le *ten cha*, est un thé vert non roulé, destiné à être converti,
au moment de l'emploi, en une poudre très menue qui sert à la
confection des « thés de cérémonie ». La feuille est ici simplement aplatie, écrasée, au lieu d'être roulée ; elle doit s'être
développée à l'obscurité, et provenir, par conséquent, de plantes
ombragées.

Le *ko cha*, ou thé noir japonais, est généralement très peu
estimé. Les feuilles destinées à sa préparation subissent un
flétrissage au soleil, et, parfois même, sont flétries par exposition
devant un brasier. En tout cas, la chaleur qu'elles subissent doit
toujours être assez faible pour leur permettre d'entrer en fermentation ; ce flétrissage au soleil ou au feu est toujours très rapide,
et surveillé de très près.. Le roulage se pratique soit à la main
soit à l'aide d'une petite machine essentiellement composée
d'une caisse dont le fond et le couvercle sont intérieurement
garnis d'aspérités, et à l'intérieur de laquelle peut se mouvoir
une meule. Le mouvement de celle-ci force les feuilles à s'enrouler sur elles-mêmes ; celles qui ont échappé à l'enroulement
sont éliminées à la main et soumises à un nouveau roulage.

---

(1) KELLNER et MORI, qui ont étudié sur place la préparation de ces thés,
trouvent que cette dernière torréfaction accentue l'arome et diminue l'astringence.

La fermentation de ce thé noir est réalisée de deux manières différentes. Tantôt les feuilles sont agglomérées en grosses boules de 0 m. 10 de diamètre environ ; plusieurs de ces boules sont réunies sur un plateau, puis recouvertes d'une étoffe blanche et exposées au soleil ; on s'inspire alors, pour choisir le moment où il faut arrêter la fermentation, de l'état des feuilles *au centre* de l'une des boules ; quand ces feuilles sont manifestement bien fermentées, l'opération doit être interrompue. Le second procédé consiste à réunir une certaine quantité de feuilles sur un plateau de bambou, à les tasser légèrement, puis à les exposer au soleil après les avoir recouvertes comme dans le premier cas. Ainsi conduite, la fermentation est toujours rapide et dure rarement plus d'une heure.

Avant d'être torréfiées, les feuilles fermentées sont étendues au soleil ; bien que ce fait n'ait pas encore, je crois, été mis en évidence, il semble qu'elles achèvent ainsi de subir une fermentation active, car leur couleur devient d'un noir foncé, et c'est même à cette couleur que l'on reconnaît qu'il est temps de les rouler à nouveau. Ces feuilles, étendues au soleil, sont plusieurs fois réunies en tas, puis encore étalées.

Après le dernier roulage, qui suit la fermentation, ou immédiatement après celle-ci, les feuilles subissent une torréfaction définitive d'après la méthode chinoise, c'est-à-dire qu'elles sont exposées, dans le panier ci-dessus décrit (p. 210) a un feu doux qui achève de les dessécher. Elles sont, en outre, torréfiées de nouveau au moment de leur exportation.

Ce mode de préparation entraîne le tournage au rouge d'un très grand nombre de feuilles, qui, à cet état, sont vendues à vil prix pour la consommation locale. Ajoutons enfin que les Japonais ne font infuser leurs thés que pendant très peu de temps, et dans une eau dont la température n'est que de 50-60° C. Ils ne consomment presque que du thé vert, et ne préparent le thé noir que pour l'exportation, pour les Russes notamment, qui font du reste assez mauvais accueil à ces thés noirs japonais.

4. — CLASSIFICATION DES THÉS FOURNIS PAR LES PROCÉDÉS ASIATIQUES

A certains points de vue, il eût été plus naturel de placer cette classification avant celle des thés fournis par les procédés européens.

Ceux-ci n'ont été classés que par analogie avec les thés asiatiques, de telle sorte que des catégories plus ou moins parallèles ont reçu, de part et d'autre, les mêmes noms. Cependant, les procédés européens et les procédés asiatiques donnent des produits assez différents pour qu'on puisse les classer d'une manière tout à fait indépendante. Chaque classification peut être ainsi complètement séparée, en se souvenant simplement que ce sont les thés asiatiques qui en ont fourni le point de départ commun.

Le meilleur moyen pour donner d'emblée une idée précise de la classification des diverses variétés de thés asiatiques, et de leur qualité respective, est de reproduire la classification officiellement adoptée par les Etats-Unis, et aux divers termes typiques de laquelle doivent répondre tous les thés importés. J'ai déjà eu l'occasion de dire que l'Amérique du Nord constitue le principal debouché des thés de la Chine et du Japon ; cette liste comprend donc, en grande majorité, des thés de provenance asiatique indigène, au milieu desquels ceux de l'Inde et de Ceylan ne tiennent qu'une place très reduite. Elle est ainsi établie :

Grade.   Noms des variétés.

1. Oolong de Formose.
2. — de Foochow.

Grade   Noms des variétés.

3. Oolong d'Amoy.

4. Congous du nord de la Chine (congous feuilles noires, ou *Monings*).

5. Congous du sud de la Chine.

6. Thés indiens.

7. Thés de Ceylan.

8. Thé vert Pingsuey.

9. Thé vert de Province (*Country green Tea*) (*a*).

10.   —   (*b*)

11. Thé du Japon torréfié à la bassine *(pan-fired Japan Tea)*.

12.   —   séché au soleil (*sun-dried Japan Tea*).

13.   —   torréfié au panier (*basket fired Japan Tea*).

14. Poussières ou criblures de thé du Japon.

15. Pekoe parfumé (*scented pekoe*).

16. Thés « caper » et parfumé (*caper, and scented caper Teas*).

Ajoutons, à titre de renseignement général, et pour mieux faire comprendre ce que doivent être chacune de ces variétés, que le pourcentage maximum de poussières ou de criblures ne doit pas excéder 10 pour 100, après criblage au tamis n⁰ 16, pour les sept premiers échantillons ; cette proportion est élevée à 40 pour 100 pour les dernières qualités.

Cette liste ne comprend pas toutes les variétés de thés ; certaines sortes inférieures de la Chine en ont même été systématiquement exclues ; elle est seulement composée des variétés les plus typiques, dont certaines, sinon toutes, peuvent se subdiviser en un plus ou moins grand nombre de sortes ; l'exemple en est bien évident, d'après ce que nous savons déjà, pour les thés de l'Inde et de Ceylan.

Ceci dit, nous examinerons successivement les sortes de la Chine et celles du Japon.

a) Classification des Thés de Chine.

Ces thés peuvent être classés de diverses manières. Ici comme ailleurs, ils se répartissent en deux grandes catégories : celle des thés noirs et celle des thés verts ; une troisième et une quatrième catégorie peuvent être réservées, à la rigueur, pour les thés artificiellement parfumés (thés de senteur) et pour les oolongs en général, ces derniers étant souvent considérés, mais à tort, comme intermédiaires aux thés verts et aux thés noirs (1). Mais là ne s'arrête pas la classification, et dans chacune de ces deux ou trois grandes catégories on établit un grand nombre de divisions, tantôt d'après la nature et le mode de préparation des feuilles, tantôt d'après la provenance. Ces deux derniers modes de classification se juxtaposent le plus souvent ; nous ferons connaître ce qu'il y a d'essentiel dans chacun d'eux.

Nous étudierons successivement les thés noirs, les thés verts et les thés de senteur.

I — THÉS NOIRS CHINOIS

Ils peuvent se diviser en *pekoes, souchongs, congous* et *oolongs.* Si l'on ne considère pas les thés parfumés artificiellement comme formant une catégorie à part, il faut, en outre, ajouter à ces variétés certains thés noirs parfumés (thés de senteur, ou scented teas ; il en existe également parmi les thés verts).

Rappelons, enfin, que certaines sortes de thés noirs de Chine sont connues sous le nom de *bohea,* qui désignait autrefois

---

(1) Comme nous l'avons vu dans les chapitres précédents, c'est la fermentation ou la non fermentation qui établit entre les thés la différence la plus essentielle. Les thés fermentés donnent les thés noirs, les autres donnent les thés verts, et il ne saurait y avoir de catégorie intermédiaire ; les feuilles légèrement fermentées rentrant dans la première catégorie, par le fait même qu'elles ont subi une fermentation. Les thés parfumés, pouvant être des thés noirs ou des thés verts, ne sauraient former une catégorie vraiment naturelle.

l'ensemble des thés noirs, d'où le nom de *Thea bohea*, créé en opposition à celui de *Thea viridis*, lorsqu'on croyait que les thés noirs et les thés verts provenaient de deux plantes d'espèces différentes. Il est rare que ces sortes soient importées sous le nom de bohea. Ce sont, en tout cas, les dernières comme qualité.

Pekoes.

Il en existe plusieurs sortes, qui doivent toutes leur nom générique à la présence d'un léger duvet blanc ou jaune (le terme *pekoe* parait provenir du chinois *pak ho*, qui signifie *cheveu blanc*). Ce que j'ai dit ci-dessus des pekoes indiens (p. 195) suffit à faire connaître leurs caractéristiques principales.

Préparés avec les feuilles les plus jeunes et les plus tendres des premières récoltes, voire même avec celles qui sont à l'état de bourgeons, ils sont les plus fins, les plus aromatiques et aussi les plus chers de tous les thés noirs. Ils sont très estimés en Europe. Ce sont surtout les pekoes chinois qui constituaient les *thés de caravane*, récoltes et préparés dans les provinces septentrionales de la Chine et expédiés à travers la Tartarie chinoise jusqu'à Kiakhta ou Nijni-Novgorod (v. p. 215). Leur torréfaction est généralement assez légère, et ils passent pour plus susceptibles que tous les autres de se détériorer.

Ces thés ont la feuille petite, très allongée, d'un noir argenté ou doré, par suite de la présence d'un léger duvet soyeux, blanc ou orange. Ce duvet forme, aux extrémités de la feuille, de petites pointes d'apres la couleur desquelles on classe fréquemment les pekoes en *pekoe à pointes blanches* et *pekoe à pointes jaunes* (orange pekoe).

La qualité connue sous le nom de *flowery pekoe* (1) est le plus souvent parfumée artificiellement.

---

(1) Il est bien entendu que je parle ici du *flowery pekoe* chinois, et non pas de la qualité, plus ou moins voisine de celle-ci, qui est préparée sous le même nom dans les Indes anglaises, et n'a pas d'autre parfum que le sien propre.

Souchongs.

Cette qualité est assez variable; en principe, elle doit être intermédiaire, au point de vue de la finesse, entre les pekoes et les congous, dont je parlerai ci-dessous; mais, cependant, certains thés rangés sous cette dernière dénomination (congous) sont cueillis immédiatement après le pekoe, et ont ainsi une feuille aussi fine, ou même plus fine que celle du souchong. D'autre part, le pekoe et le souchong sont souvent confondus en une seule et même catégorie.

Quoi qu'il en soit, les souchongs sont ou doivent toujours être préparés avec des feuilles jeunes et tendres, bien torréfiées. Ils sont très parfumés et passent pour être les plus forts des thés noirs. On les mêle souvent au pekoe pour obtenir une infusion participant à la fois de l'arome et de la force de chacune de ces deux catégories (v. le chapitre consacré aux mélanges, p. 255).

On distingue parfois des pekoe-souchongs, des oolong souchongs, etc., sortes intermédiaires aux deux variétés dont elles portent le nom. D'autres sortes, celles des *lapseng-souchongs*, ont été jadis très en vogue. Elles viennent généralement de Foo-Chow. D'après M. Guigon, leur feuille est inégale, leur infusion faible, sans corps, mais fine, aromatique, et d'une saveur délicieuse « dont aucune autre sorte n'approche ». En France, on consomme ces lapseng-souchongs surtout à l'état pur, tandis qu'ailleurs ils forment la base de divers mélanges.

Quatre sortes de lapseng-souchongs sont actuellement préparés en Annam, de même que plusieurs autres sortes différentes (1), sur les plantations LOMBARD.

(1) La série complète des thés de cette provenance, que je ne puis ici que signaler, comprend les sortes suivantes : 1, laylang-lapseng, extra supérieur ; 2, laylang lapseng, supérieur ; 3, laylang-souchong, extra supérieur ; 4, lapseng-souchong, extra supérieur ; 5, lapseng-souchong, supérieur ; 6, lapseng-souchong, surfin ; 7, lapseng-souchong, fin ; 8, laylang-hyson, supérieur (vert) ; 9, laylang-hyson, extra fin (vert) ; 11, 12, 13, 14, souchong. Voir à ce sujet le *Journal d'Agriculture tropicale*, nᵒˢ 7, 10, 12, 13 (1902).

Congous.

Les nombreuses sortes de cette catégorie forment la base de la consommation populaire chinoise, et, en même temps, l'une des principales branches des thés noirs chinois d'exportation. Les congous sont encore plus variables que les souchongs et se divisent en un grand nombre de sortes, réparties surtout d'après leur provenance; ils sont généralement divisés en *congous feuilles noires*, ou *monings*, et en *congous feuilles fauves*, ou *kaisows*. Les premiers viennent surtout du nord de la Chine et sont expédiés par Hankow et Shang-Haï; les seconds sont surtout originaires du centre, et sont expédiés par Foo Chow. D'autres sortes, enfin, provenant du nord, mais expédiées par Canton, sont connues sous le nom de *congous de province* ou *sortes nouvelles*.

Jusqu'en ces derniers temps, les sortes fournies par Canton étaient mal préparées, leur torréfaction surtout paraissait très défectueuse, mais elles présentent en ce moment une tendance manifeste au progrès (Guigon).

Congous feuilles noires ou monings.

M. Guigon divise en huit classes ceux qui sont expédiés dans l'ancien continent. Ces huit classes sont les suivantes : *kintucks, keemuns, kieou-kiangs, ning-chows, kutoans, oonfas, oopacks* et *seam teams*.

On importe parfois encore des *monings-souchongs* dont l'infusion est forte, colorée, consistance et assez savoureuse, des *ichangs*, assez semblables au kieou-kiangs (v. ci-dessous), et des *wenchows*, dont l'aspect et l'infusion sont assez satisfaisants.

En Amérique, on distingue surtout dix classes de monings, dont la plupart sont comprises dans la liste précédente. Ce sont les *ning-chows, oonfas, oonams, oopacks, kintucks, keemuns, kieou-kiangs, panyongs, packlins* et *paklums*.

Ces congous monings sont de couleur noire, d'apparence satisfaisante; les sortes les plus fines présentent parfois des

pointes comme celles des pekoes et sont très parfumées. Leur
infusion est d'un rouge foncé plus ou moins vineux; elle est
d'une saveur délicate et aromatique. Ces thés sont très propres
aux mélanges. J'en étudierai maintenant les principales sortes
en suivant les caractéristiques de GUIGON.

Kintucks. — Sorte assez nouvelle sur les marchés européens.
Sa saveur est particuliere; son infusion est rougeatre, d'un bon
arome, d'un goût fort et corsé, au moins dans les qualités fines.

Keemuns. — Ont une certaine ressemblance avec les prece-
dents, mais sont plus forts.

Kieou-kiangs. — Possèdent de l'arome et de la saveur comme
les kintucks, mais n'ont qu'assez peu de force.

Ning-chows. — Sont peut-etre les meilleurs de tous les
monings. La deuxième récolte, qui est cependant moins fine que
la première, donne des feuilles grisâtres, avec pointes, qui fournissent une excellente infusion. Sont tres propres aux mélanges.

C'est au voisinage du ning chows d'Hankow que doivent se
placer certains *laylangs* d'Annam (plantations LOMBARD). Par
l'aspect exterieur, la ressemblance entre ces sortes est absolument frappante; mais l'infusion de la dernière est moins bonne,
sa force est plus grande, tandis que son arome tient moins
longtemps. D'autres laylangs d'Annam sont assez différents de
ceux-ci ; à part leur couleur noire, ils se rapprocheraient, comme
aspect, des *moyune-hysons* (verts).

Kutoans. — Se désignent egalement sous le nom de *pekoe
Assam de Chine*, par suite de leur ressemblance avec le pekoe
Assam de l'Inde. Leur force est très grande et leur durée d'infusion doit être très courte, sinon la liqueur manifeste, en meme
temps qu'une saturation désagréable, une saveur herbacée et
poivrée qui ne saurait etre annihilée par aucun melange.

Oonfas. — Proviennent de districts du sud. Manquent d'aspect,
mais possèdent une bonne saveur caracteristique et un bon
fumet, très stables, qui les font rechercher pour les melanges.

Oopacks. — Classés autrefois parmi les meilleurs des monings,
sont maintenant préparés d'une manière tout à fait inférieure.

Seam teams. — Ce sont les moins estimés des monings et ils

ne sauraient, d'après Guigon, être employés qu'à la confection
de mélanges à bas prix. Ils sont extrêmement faibles.

Congous feuilles fauves ou Kaisows.

Guigon les divise, comme les monings, en huit classes : *soo-
moos, ching-wos, pekoe-congous, panyongs, packlums, saryunes,
padraes* et *packlings*. Les Américains distinguent surtout les
neuf classes suivantes : *ching-wos, soo-moos*, (ou *seumoos*),
sney-kuts, saryunes, sin-chanes, cheong-soo, cheong-lok, so-how
et *yung-now*.

Ces thés sont généralement de couleur fauve ou noir-rou-
geatre ; ils portent la trace de manipulations soignées ; leur
infusion est assez voisine comme couleur de celle des monings,
peut-être, cependant, un peu moins foncée en général. Leur
saveur est astringente, mais agréable. Ils ont un arome très
délicat et très particulier qu'ils communiquent aux autres thés
avec lesquels on les mélange.

Ching-wos. — Feuille bien roulée, d'un noir velouté (Guigon).
Infusion consistante, très forte, d'un arome fin et d'une grande
délicatesse ; la couleur de l'infusion est généralement vermeille.
Guigon estime que cette sorte doit être la plus recherchée parmi
les kaisows, pour les mélanges.

Pekoe-congous. — Ce sont les plus beaux des kaisows ; ils sont
très aromatisés, mais la qualité de l'infusion ne répond pas à la
beauté de l'aspect.

Panyongs. — Ont beaucoup d'analogie avec les chings-wos.
Ils donnent généralement une infusion foncée et d'un arome
délicat assez accentué. Peuvent servir d'excellente base à la confection d'un mélange « bon moyen ». On en distingue plusieurs
sortes.

Packlums. — Feuille généralement bien préparée, noire, terminée en pointe. Infusion riche et colorée, mais sans corps.

Saryunes. — Feuille rougeâtre lorsqu'on l'examine de très
près. Infusion riche. Gagnent à être consommés tels quels et
non pas à être mélangés.

Padraes. — Couleur très noire, aspect assez satisfaisant, arome pénétrant. L'infusion a beaucoup de corps, est riche en couleur et d'un parfum très accentué. La plupart de ces caractères sont dus à une très forte torréfaction. Les padraes sont souvent considérés comme souchongs; leur couleur et d'autres caractères les éloignent un peu, en effet, des kaisows.

Packlings. — Feuilles d'un aspect très flatteur; ces thés sont originaires des environs de Foo-Chow; ils sont cueillis de très bonne heure. Préparation très soignée. Infusion consistante et aromatique.

Sney-kuts. — Feuilles pointues. Infusion assez corsée.

Congous de province ou sortes nouvelles.

Ces thés comprennent un nombre considérable de variétés que GUIGON propose de réduire à deux classes principales : les *hoyunes* et les *pekoes souchongs congous*. La première comprend les feuilles d'apparence peu satisfaisante, grisâtres, assez régulières, à infusion consistante; la seconde réunit les feuilles de cette même provenance dont l'apparence est plus soignée et qui sont généralement bien roulées.

Hoyunes. — L'infusion tire sur le cuivré; elle est âpre, très forte et se rapprocherait particulièrement de celle du souchong fin d'Assam. Le mauvais aspect de ces thés leur porte un préjudice injustifié. Certains hoyunes tardifs possèdent un goût désagréable de fumée, contre lequel il convient de se mettre en garde.

Pekoes-souchongs-congous. — Ces thés sont de belle apparence, généralement bien roulés et de couleur fauve ; leur infusion est claire et limpide, sauf pour certaines provenances; elle est forte et de goût savoureux. Certaines de ces sortes ont un arome tout particulièrement délicat : ce sont les thés mielleux, les seuls recherchés par les Anglais parmi tous les thés de Canton.

Oolongs.

Rappelons tout d'abord que ces thés sont souvent considérés comme intermédiaires aux thes noirs et aux thés verts (1). Nous avons vu que, pour l'importation aux Etats-Unis, la « Tea Commission » distingue les oolongs de *Formose*, de *Foochow* et d'*Amoy*. Ce sont là, en effet, les sortes les plus classiques, auxquelles se peuvent rattacher toutes les autres, dont les principales sont les *oolongs d'Ankoi*, les *saryune-oolongs* et les *pekoe-oolongs*.

Ce que nous avons dit de la préparation des oolongs de Formose, classés en tête de liste par les Américains, nous dispensera de rappeler quoi que ce soit au sujet de cette préparation. Nous dirons quelques mots de chacune des principales sortes d'oolongs. Ces thés, trop peu connus en France, méritent d'attirer l'attention ; certains d'entre eux sont cependant très grossièrement préparés.

Oolongs d'Ankoi. — On considère parfois cette sorte d'oolong comme préparée, non pas avec les feuilles du *Thea viridis*, mais avec celles d'un arbuste voisin. Cette question est d'autant plus difficile à éclaircir que certaines espèces voisines du théier véritable présentent avec lui une étroite ressemblance.

Les feuilles des oolongs d'Ankoi sont rudes et grossières, d'un noir rougeâtre. Elles sont manipulées sans soins, leur apparence est déchiquetée. L'infusion en est brun-foncé, d'arome huileux ou terreux (*oily or earthy*, J.-M. WALSH), et de goût amer et astringent.

On emploie ce thé en mélange avec les qualités inférieures d'Amoy auxquelles elles communiquent un parfum rude, herbacé.

Oolongs d'Amoy. — Ils peuvent comprendre les *kokew*, *mohea* et *ningyongs-oolongs*. Leur feuille, bien que grande et d'apparence assez grossière, est bien préparée, et l'infusion est claire, forte et astringente. Les qualités inférieures possèdent un goût

(1) Se reporter à ce sujet à la page 232.

herbacé qui jette quelque peu de discrédit sur ces sortes, mais
les bonnes qualités sont d'un goût très franc et d'un arome
agréable; elles sont assez bonnes pour mériter d'être consommées
à l'état pur, sans qu'il soit besoin de les mélanger. Ces oolongs
prennent rang immédiatement après ceux de Formose.

Oolongs de Foochow. — Considérés par les Américains comme
devant être rangés parmi les meilleurs thés noirs de la Chine.
La feuille, au moins dans les qualités fines, est noire et
soyeuse; son infusion est moelleuse et aromatique; les qualités
moyennes et inférieures peuvent être employées à une foule de
mélanges.

Oolongs de Formose. — Ces sortes, hautement appréciées aux
Etats-Unis, sont parfois considérées comme les meilleures de
toutes. Leur aspect, ainsi que les qualités de leur infusion, les
font différer profondément de toutes les autres sortes. Leur
arome provoque une certaine surprise. Elles se prêtent à une
foule de combinaisons. Se reporter, pour plus de détails, au
chapitre que je leur ai consacré.

Pekoe-oolongs. — Ces sortes sont rares sur les marchés américains, et plus encore sur les nôtres. Ils doivent leur nom à la
présence de feuilles à pointes de pekoe. L'aspect de ces sortes est
satisfaisant; leur infusion est brun foncé, elle a du corps et est
très aromatique.

II. — THÉS VERTS CHINOIS

Ces thés sont moins bien connus en Europe que les thés noirs;
leur consommation y est très faible, tandis qu'elle est considérable dans l'Amérique du Nord.

On peut les classer de diverses manières. Deux grandes classifications sont usitées, elles se juxtaposent d'ailleurs : ce sont la
classification par provenances et la classification par variétés,
basée sur la nature et la préparation des feuilles. La première
divise les thés verts de la Chine en catégories artificielles qui

peuvent se classer plus simplement en sortes de Shang-Haï et sorte de Canton. Ces dernières sont généralement les plus falsifiées. La seconde classification, qui, au point de vue scientifique tout au moins, est la plus naturelle, divise ces mêmes thés en *young-hysons, hysons, hysons-schoulangs, hysons-skins, gunpowders (poudre à canon), impérial* et *twankays.*

Je n'ai pas à rappeler ici les caractères fondamentaux des thés verts et passerai à l'étude, d'ailleurs succincte, de leurs principales variétés.

Young-hyson.

Il est composé de petites feuilles très délicates, récoltées dès le début de la pousse du printemps, et préparées et roulées avec le plus grand soin Une telle récolte étant fort peu abondante, le young-hyson est une sorte assez rare ; comme elle est, d'autre part, très recherchée, on pallie fréquemment à sa rareté en lui substituant des imitations plus ou moins heureuses. Il est ainsi arrivé que des auteurs décrivent comme young-hysons des mélanges paraissant, d'après leur description, assez grossiers et manifestement éloignés du young-hyson authentique.

Les feuilles de celui-ci doivent toujours être très petites, très courtes, avec une apparence d'aiguilles brisées. Leur couleur est vert jaunâtre et leur parfum est très doux, il ressemble un peu, dit HOUSSAYE, à celui de la violette ; peut-être s'agissait-il là d'un parfum artificiel. La couleur de l'infusion est d'un jaune citron assez limpide ; il en est d'ailleurs de même pour la plupart des thés verts, dont l'infusion se nuance le plus souvent du vert au grisâtre, en passant par le jaune.

D'après GUIGON, la sous-variété la plus recherchée des young-hysons serait celle qui est connue sous le nom de *gonee.*

Hyson.

Cette sorte, beaucoup moins rare à l'état authentique que la précedente, est faite de la première récolte qui suit celle du young-hyson, c'est-à-dire en plein printemps. Elle est assez

16

variable. Les feuilles sont très régulières, bien roulées, d'une
teinte presque dorée, dans les plus belles qualités ; elles sont,
dans d'autres cas, assez irrégulières, et parfois d'un vert *argenté :*
cette dernière particularité est due à la présence d'un duvet
rappelant celui du pekoe.

L'infusion des hysons doit être assez longue, et prolongée jusqu'à ce que la feuille s'ouvre entièrement et redevienne très
souple.

Hyson schoulang.

Cet hyson paraît être simplement une variété de première
qualité, dont le parfum, tout à fait spécial, est dû à une aromatisation artificielle. LETTSOM pensait que cet arome était dû à
l'addition de fleurs d'*Olea fragrans*, mais HOUSSAYE a fait remarquer que certains pekoes, parfumés avec ces dernières fleurs,
possédaient un arome tout différent.

L'hyson schoulang est très rare. Du temps de HOUSSAYE, dont
le livre parut en 1843, il ne se préparait que pour quelques marchés seulement, et il fallait le commander une année à l'avance
pour en obtenir de véritable. Cette sorte est presque complètement inconnue en Europe.

Hyson skin.

C'est là une sorte de rebut, préparée avec toutes les vieilles ou
mauvaises feuilles que l'on élimine de la préparation des bons
hysons. Elle se vend en Chine à bas prix.

Poudre à canon.

Cette sorte est fondamentalement identique au young hyson ;
son origine est la même. Elle est donc formée de très jeunes
feuilles, peut-être encore plus soigneusement triées que celles
du young hyson, et roulées en petites boules ou perles très ser-
rées, comparées à des grains de poudre à canon. Le produit de
la toute première coupe, lorsqu'il est façonné en poudre à canon,

reçoit fréquemment le nom de *tête d'épingle (pin-head)*, en raison de la petitesse de ses grains.

Le seul fait de cette apparence indique que ce thé est préparé avec de très jeunes feuilles, petites et fines, car d'autres feuilles ne pourraient se rouler aussi parfaitement. Pour cette sorte, de même que pour le young hyson et que pour tous les thés recherchés, les imitations sont fréquentes. C'est ainsi que l'on peut trouver des thés poudre à canon préparés avec de grosses feuilles coupées en plusieurs morceaux; chacun de ces morceaux est roulé comme l'aurait été une petite feuille. Les imitations ainsi préparées n'ont qu'une ressemblance extérieure plus ou moins parfaite avec la variété qu'elles contrefont.

Le thé poudre à canon a plus de parfum que l'hyson proprement dit; il est aussi plus lourd, par suite de la compacité de ses grains, et d'un vert un peu plus foncé. Les grains sont assez résistants, et se concassent moins facilement que les feuilles des variétés voisines. L'infusion de ce thé doit être assez longue pour que les feuilles arrivent à se déployer entièrement; sa couleur est généralement d'un beau vert doré.

Impérial.

Cette sorte était, en principe, comme son nom l'indique réservée à l'empereur et aux plus hauts personnages de la cour de Pékin. Cette destination était même exclusive, et des précautions toutes particulières entouraient la récolte des feuilles destinées à la préparation de ce thé, dont aucune ne devait tomber entre des mains profanes.

Le thé impérial d'exportation n'est qu'une imitation très imparfaite de ce produit d'exception. Il est préparé à peu près comme la poudre à canon, mais avec des feuilles plus vieilles et plus grandes; ses grains sont donc plus gros (d'où le nom de *grosse poudre à canon*, ou *pea-leaf*, donné parfois à l'impérial), mais ils sont aussi serrés et aussi durs. Leur couleur est généralelement d'un vert argenté. L'infusion doit être aussi prolongée que celle de la poudre à canon.

Twankay.

Cette sorte provient, ou doit provenir, de la dernière récolte de la saison d'été. Elle est obtenue comme l'hyson skin, dont elle est très voisine et avec lequel elle est souvent confondue, par triage de l'hyson proprement dit, dont elle constitue un rebut; mais elle est généralement supérieure à sa congénère : l'hyson skin. Les feuilles sont larges, jaunâtres, roulées avec peu de soin, et donnent une infusion brun clair, terne. En raison de son bas prix, elle est parfois employée à la confection de mélanges vulgaires.

Il arrive fréquemment que le twankay soit simplement composé de toutes les feuilles trop défectueuses pour se prêter aux manipulations, et surtout au roulage, requis pour les bonnes variétés de thé vert. Sa qualité est alors beaucoup plus variable que dans le cas précédent.

AUTRE CLASSIFICATION

Elle permet de distinguer les thés verts en moyunes et pingsueys, dont chacun comprend diverses variétés plus ou moins conformes aux types que je viens de décrire brièvement.

Moyunes.

C'est la meilleure catégorie, comme apparence, couleur et qualité de l'infusion. Les feuilles sont soigneusement roulées, d'une belle couleur verte, et d'apparence assez homogène. Leur infusion est claire et astringente. Il se trouve, parmi les moyunes, une variété du type poudre à canon, connue sous le nom d'ouchaine, qui est, dit M. GUIGON, fortement irisée.

Les moyunes peuvent se diviser en sortes de Nankin, de Fychow et moyunes proprement dits. Les deux premières sont généralement très fortes et ont beaucoup de montant (GUIGNON). Les moyunes proprement dits sont au contraire plus fins.

Pingsueys.

Peuvent être préparés parfois avec les feuilles d'une plante voisine du thé, mais qui ne serait pas le véritable théier. Ces feuilles sont de belle apparence, le plus souvent colorées artificiellement, mais leur qualité est inférieure et les fait souvent rejeter d'une manière absolue.

III. — THÉS DE SENTEUR CHINOIS

Les pawchongs de Formose (v. p. 223) restent le type de cette catégorie, malgré les changements survenus dans les destinées de cette ile. Comme nous l'avons vu, ce sont des oolongs parfumés artificiellement.

Les sources de parfums employées sont celles que j'ai déjà citées p. 216 : *olea fragrans, gardenia, chloranthus,* iris, jasmins, etc.

La Chine prépare et exporte des thés de senteur voisins de ceux de son ancienne colonie. On peut les diviser, d'après leur point d'exportation, en sortes de *Foo-Chow, Canton* et *Macao,* et, d'après leur origine et mode de préparation, en *pekoes* de senteur, *capers* et *pawchongs.*

C'est d'après ce dernier mode de classification que je dirai quelques mots de ces diverses sortes. Les sources de parfums employées sont à peu près toujours celles que je viens d'indiquer. L'infusion des thés ainsi aromatisés est généralement d'un rouge vineux, piquante et très parfumée.

Pekoes de senteur.

Les diverses sous-variétés de pekoes peuvent se prêter à l'aromatisation artificielle; c'est ainsi que l'on peut distinguer, en leur conservant les noms anglais sous lesquels ils sont les plus connus, des *scented pekoes* ou des *scented orange pekoes.*

Parmi les scented orange pekoes, on peut distinguer plusieurs sortes d'après les provenances. Leur feuille est généralement longue, plate, d'un noir de jais, avec des extrémités jaune-orange, tout comme l'orange pekoe ordinaire.

Ceux de Foo-Chow sont de qualité élevée, ils sont forts appréciés. Leur arome, dit M. Guigon, est exquis et ne saurait être concurrencé.

Ceux de Canton en restent très voisins. Ils donnent une infusion forte, d'arome assez fin. Jusqu'en ces derniers temps, ils étaient préparés avec des feuilles assez avancées en maturité, que l'on roulait soigneusement de manière à façonner en pointes leurs extrémités, ce qui est une caractéristique générale des pekoes. On tend à employer maintenant de petites feuilles, ce qui élève la qualité de cette provenance ; on peut ainsi distinguer, parmi les scented orange pekoes de Canton, des sortes à feuilles longues et des sortes à feuilles courtes.

Ceux de Macao sont encore voisins des précédents. L'aspect de leurs feuilles est généralement bon ; leur couleur est olivâtre, leur infusion a du montant, mais elle est un peu âpre. Les belles qualités de cette sorte sont nommées *pekoe des mandarins*.

Le *flowery pekoe* chinois n'est autre chose qu'un pekoe aromatisé. Cette sorte est très connue. La feuille est généralement plus petite que celle des scented orange pekoes ; elle est aussi plus régulièrement enroulée et teintée d'une couleur olivâtre, avec des extrémités blanchâtres, veloutées. Ce thé est très fortement aromatisé.

Capers.

Ce sont des thés à petites feuilles, roulées d'une manière spéciale qui leur donne une apparence rappelant celle des grains de câpres, d'où leur nom. Ils sont aromatisés de la même manière que les précédents, et tirent leur origine des feuilles les plus jeunes et les plus tendres.

Leur infusion est d'une belle teinte vineuse, astringente et aromatique.

On peut distinguer les capers de Canton, qui ont surtout du

montant et de la force, mais dont la qualité générale est souvent
mauvaise et donne une infusion trouble, et les capers de
Foo-Chow qui sont surtout très délicatement aromatiques.

Pouchongs.

J'ai déjà longuement parlé de ceux de Formose (p. 223 et
suivantes). Ceux de Chine sont souvent très grossiers ; leur
feuille est de mauvaise apparence, d'un noir très foncé, terne, et
d'une odeur spéciale, souvent peu agréable, parfois même phar-
maceutique. Ces thés sont fréquemment parfumés par mélange
avec des graines de *chulan flower*.

IV. — THÉS EN BRIQUES

Je crois nécessaire d'ouvrir une parenthèse pour ces thés
spéciaux, que l'on ne voit jamais chez nous, mais dont l'importance commerciale est considérable.

Depuis longtemps, les Chinois utilisent les résidus de fabrique : débris de feuilles, poussières, etc., à la préparation de
briques de thé comprimé qu'ils produisent presque exclusivement à destination des habitants du nord, des Sibériens et des
Russes eux-mêmes. Il leur arrive aussi de comprimer des
thés verts de bonne qualité. Cette préparation est restée, jusque
vers 1878, soumise à des procédés assez grossiers. Les débris,
entassés dans des moules, y étaient comprimés à la main, où ils
s'aggloméraient ainsi d'eux-mêmes et formaient des briques de
20 à 30 centimètres de longueur sur environ 10 centimètres de
largeur et 1 cent. 1/2 d'épaisseur. De telles préparations ont
l'avantage de se transporter facilement. Pour les employer, il
suffit d'en gratter un peu avec un couteau ; la poudre obtenue est
mêlée à l'eau bouillante. Les nomades du nord de la Chine et de
la Sibérie en font grand cas.

Dans ces dernières années, cette fabrication de thé comprimé
s'est notablement perfectionnée, et l'on en prépare maintenant

d'une réelle valeur, surtout sous forme de petites tablettes.

C'est à Hankow qu'est localisée actuellement cette industrie du thé comprimé. Une maison russe commença par préparer des briques pressées avec une machine à vapeur; d'autres imitèrent son exemple et développèrent rapidement l'industrie des briques de thé, demeurée rudimentaire jusqu'alors. Tandis que les briques d'autrefois s'effritaient facilement, celles que l'on comprime à la machine sont fermes, homogènes et se conservent fort longtemps. Un perfectionnement très sensible a été réalisé par la substitution de presses hydrauliques aux machines à vapeur; la présence de ces dernières altérait l'arome toujours délicat du thé, tandis que la presse hydraulique ne donne lieu à aucune émanation nuisible.

Voici, d'après Guigon, le mode actuel de préparation de ces briques de thé à Hankow :

Les feuilles sont d'abord tamisées; elles donnent ainsi un déchet poussiéreux de 5 pour 100 environ. Les poussières obtenues sont portées dans une grande machine à vanner, pourvue de trois tamis; celles qui sont trop grosses pour passer à travers le moins fin de ces tamis, sont rendues cassantes par une nouvelle torréfaction dans des bassines de fer, puis concassées et renvoyées aux tamis. On réduit donc ainsi la totalité des poussières en trois catégories. Les deux plus grosses de celles-ci serviront à faire le cœur des briques, tandis que la plus fine servira à leur revêtement.

Pour agglomérer ces débris, on les soumet dans des boites de fer, pendant trois minutes, à l'action de la vapeur d'eau; les grains commencent alors à s'agglomérer les uns aux autres. Cette poussière, chaude et humide et déjà quelque peu cohérente, est distribuée à la main dans des moules de bois, immédiatement portés sous la presse pendant deux secondes.

Le couvercle du moule est mobile et se fixe à l'aide de deux forts coins de bois; il porte, en plein, la marque de la maison, qui se reproduit en creux sur la brique. Ces moules peuvent être à plusieurs compartiments.

Après leur extraction des moules, les briques de thé sont

portées dans un séchoir, où elles séjournent pendant plusieurs semaines. On les enveloppe finalement dans du papier de plomb ou d'étain, comme des tablettes de chocolat, dont elles ont l'aspect général, mais non pas la surface glacée. Celles qui sont jugées défectueuses sont broyées dans des moulins et soumises de nouveau à toute la série des opérations précédentes.

Les briques de thé actuellement exportées d'Hankow sortent toutes de maisons russes. On prétend, il est vrai, qu'elles sont souvent fabriquées par des Chinois et revêtues ensuite de marques russes, pour bénéficier de la détaxe douanière. Il en existe de deux sortes. Les unes (première qualité), mesurent 227 millimètres de longueur sur 160 millimètres de largeur et 11 millimètres d'épaisseur; elles pèsent un demi-kilogramme; deux sillons en croix les partagent en quatre quartiers. Les briques de seconde qualité mesurent 287 mill. × 183 × 22; leur poids moyen est de 1 kg. 160; elles ne sont pas divisées en quartier. Le poids spécifique des briques n° 1 est de 1 kg. 250; celui des briques n° 2 est de 1 kilogramme seulement.

Leur emballage a lieu en caisses de bois contenant près de 100 kilogrammes. Elles se vendent à Varsovie, à raison de 70 et 60 kopecks la livre russe, tandis que les bons thés noirs consommés par la classe aisée se vendent en moyenne 2 roubles.

Les thés en tablettes sont fondamentalement identiques aux précédents, mais ils sont préparés avec des matières premières de meilleure qualité. Ces tablettes ont 130 millimètres de longueur sur 40 millimètres de largeur et 20 millimètres d'épaisseur; elles sont divisées en huit sections, comme le sont les tablettes de chocolat, et pèsent un quart de livre russe, soit 100 grammes environ. Leur emballage est un peu plus soigné que celui du thé en briques. La caisse contient une cinquantaine de kilos, et le prix de détail, à Moscou, est de 1 rouble 10 kopecks la livre russe.

On se fera une idée de l'importance de cette industrie des thés comprimés en constatant que la Russie importe annuellement plus de 53.000.000 de kilogrammes de thé, dont 34.400.000

en briques, 18.000.000 en thé noir, 975.000 kilogrammes de
tablettes, et 280.000 kilogrammes de thé vert (1).

C'est ici le cas de rappeler que ces faits ont suggéré la préparation, ailleurs qu'à Hankow, de thés comprimés plus ou moins
différents des briques ou tablettes chinoises. La théerie SINAGAR,
de Java, prépare maintenant des tablettes de thé à destination
du marché russe; il en est de même pour la théerie Constantin
POPOFF (Tchakva, Caucase), qui fabrique en outre, à l'aide d'une
machinerie perfectionnée, des pilules de thé de 2 grammes
environ, dont chacune suffit pour une tasse.

b) Classification des thés du Japon.

Ces thés sont très peu connus en France. Ils n'ont d'ailleurs
pas une très grande importance (bien que les thés de Formose,
maintenant colonie japonaise, viennent s'adjoindre à eux), et ne
s'écoulent presque que sur les marchés de l'Amérique du Nord.
Leur couleur, leur arome et leurs caractères généraux les
éloignent de toutes les variétés commerciales d'autre provenance.
Ce sont, en général, des thés verts.

Les thés anglo-saxons leur font, de même qu'aux thés de
Chine, une concurrence acharnée. Il convient cependant de
remarquer que leurs prix sont très notablement en hausse depuis
quelques années.

Ces thés du Japon peuvent être classés de diverses manières;
j'ai exposé ci-dessus (p. 225) leur répartition en grandes catégories, telle qu'elle est faite dans le pays, d'après le mode de
préparation.

Certaines variétés conformes aux types chinois y sont préparées, mais en très petite quantité (oolongs, pekoes, congous,
imperial, gunpowder, young hyson). On peut, au point de vue

(1) Voir, au sujet de ces briques et tablettes, le *Journal d'Agriculture tropicale*, notamment les n°° 7 et 10 (1902) et 21 (1903).

de la provenance ou plutôt au point de vue exportation, les diviser en thés de *Yokohama, Kobe* et *Nagasaki* (1).

La source principale des thés Yokohama est le district de Hacheoji, d'ou viennent les thés les plus fins de tout le Japon. Leurs feuilles sont très petites et de qualité très fine.

Les thés de Kobe proviennent surtout du district de Yamashiro ; ils sont de meilleure apparence que ceux de Yokohama, mais, d'autre part, l'infusion de ces derniers est meilleure.

Les thés de Nagasaki sont les moins importants. Leur qualité est très ordinaire ; leur infusion est généralement foncée. La moitié ou à peu près des thés de cette provenance est préparée suivant le type *gunpowder* décrit page 242.

La classification la plus rationnelle des thés du Japon est assurément celle de la douane des Etats-Unis qui les divise en *panfired, sundried, basket fired* (v. p. 231), auxquels on peut ajouter les variétés dites *nibs*.

Thés « Panfired ».

Comme leur nom l'indique, ce sont des thés torréfiés dans des bassines ; ils appartiennent, comme les suivants, à la catégorie des thés verts. La feuille des bonnes qualités est de dimension moyenne, verte, bien roulée et de bonne apparence ; elle donne une infusion claire, brillante, dont la couleur ne change pas jusqu'au refroidissement, et possède une saveur délicate unie à un parfum aromatique.

Les qualités moyennes sont d'apparence plus grossière, d'infusion plus foncée et d'un moins bon arome. Les qualités inférieures sont encore moins belles et ont un goût quelque peu cuivré.

Thés « Sundried ».

Ces thés sont séchés au soleil avant d'être torréfiés ; ils doivent donc avoir subi un commencement de fermentation. Leur feuille

---

(1) Voir au sujet des thés du Japon comparés aux autres thés d'Orient. H. NEUVILLE, *les Thés d'Extrême-Orient* (*Journal d'Agriculture tropicale*, nº 21, 1902).

est d'un vert olive, petite, compacte, et leur infusion trahit les
modifications qu'a subies la feuille avant sa torréfaction. Les
qualités inférieures ont une couleur variant du jaunâtre au vert
sombre leur apparence est moins belle et elles ont souvent un
goût spécial désagréable que l'on attribue à l'emploi, comme
engrais, de détritus de poissons.

Thés « Basketfired ».

Ces thés sont séchés dans des paniers, au-dessus d'un feu
doux. Les bonnes qualités ont des feuilles longues, foncées, bien
enroulées, d'une infusion claire, brillante, de saveur douce ; les
qualités moins fines peuvent servir de base à d'excellents
mélanges avec des oolongs ou autres variétés.

Nibs.

Ils sont composés des feuilles les plus grandes et les plus
vieilles, éliminées de la préparation des sortes précédentes, et
sont aux thés du Japon ce que les twankays sont aux thés verts
de Chine (v. p. 244). Leur qualité est donc très variable, d'après
celle des thés de la fabrication desquels ils ont été éliminés. Ces
nibs ont généralement de la force et du corps, et peuvent, en
conséquence, être très aptes à certains mélanges.

Rappelons enfin qu'il se trouve, au Japon, une variété de thé
vert non connue dans le commerce européen, et sur laquelle
M. GUIGON a attiré l'attention.

Ce thé, dont la qualité est si fine, que l'on rencontrerait difficilement son rival parmi les meilleures sortes de la Chine, a un
arome d'une telle finesse et d'une telle pénétration qu'il peut
remplacer la vanille ou autres parfums similaires. Cette variété
est presque entièrement consommée sur place et n'arrive en
Europe que d'une manière tout à fait exceptionnelle.

CHAPITRE IV

QUELQUES DONNÉES SUR LES PRINCIPAUX MÉLANGES

Nous ne pourrons nous étendre aussi longuement que nous le voudrions sur ce chapitre spécial; les mélanges de thés subissent des combinaisons infinies, dans le choix desquelles on doit s'inspirer des qualités propres aux éléments à mélanger, et surtout des désirs particuliers du marché auquel ces mélanges sont destinés. On pourrait écrire sur cette matière des traités entiers, comme celui de J.-M. WALSH.

Les diverses sortes de thé variant beaucoup en force, arome, corps, etc., il est naturel de chercher à les combiner de manière à créer des sortes factices participant des qualités des sortes les plus recherchées et pouvant être moins chères que celles-ci. Un exemple élémentaire en est fourni par l'habitude, relativement fréquente, de mélanger du thé noir et du thé vert (1) pour obtenir une infusion rappelant les qualités de chacun de ces deux produits.

On arrive, en combinant différentes variétés, à obtenir des mélanges souvent plus appréciés que les sortes homogènes. Ces combinaisons sont tout aussi délicates à réaliser que celles des essences qui entrent dans la combinaison des parfums; l'art du mélangeur est donc bien un art véritable qui doit être basé sur la parfaite connaissance des diverses sortes de thés. L'un des

(1) Par exemple du flovery pekoe et de la poudre à canon, avec un tant soit peu de bohea ou de souchong.

principes fondamentaux de cet art ou de cette science est que les
sortes qui ne sont pas nettement améliorées par leur combinaison entre elles perdront certainement au mélange. Ceci
revient à dire que si deux qualités, par exemple, ne donnent
pas, par leur mélange, un produit supérieur à chacune d'elles,
ce produit deviendra presque fatalement inférieur et non pas
équivalent.

D'une manière générale, les thés à goût désagréable prononcé
(goût herbacé, ligneux, moisi, etc.) sont toujours nuisibles aux
mélanges, dont ils détériorent les bons éléments sans parvenir à
s'améliorer sensiblement eux-mêmes. En d'autres termes, on
ne doit mélanger entre elles que des sortes bonnes ou moyennes
et absolument dépourvues de défauts graves.

Les mélanges ayant pour but de combiner entre elles les qualités propres aux diverses sortes, il n'est pas inutile de récapituler
brièvement ici les principales qualités des thés les plus connus.
C'est ce que nous pouvons faire en rappelant les faits suivants :
les oolongs choisis d'Amoy ont du corps et une bonne saveur;
ceux de Foo-Chow sont moelleux ; ceux de Formose sont très
aromatiques ; les thés verts fins sont clairs et astringents; les
congous sont « fruités » ; les souchongs sont un peu épais ; les
bons thés du Japon sont légers, mielleux, tandis que ceux des
Indes et ceux de Ceylan ont surtout beaucoup de corps. Les thés
de senteur, enfin, ont surtout un fort bouquet.

Quels que soient les éléments dont on opère le mélange, il est
essentiel de procéder comme le font les asiatiques lorsqu'ils
veulent réaliser une aromatisation artificielle, c'est-à-dire de bien
brasser ce mélange, de l'enfermer dans des boites parfaitement
closes, à l'abri de toute cause d'altération, et de l'abandonner
à lui-même pendant un certain temps, qui peut varier d'une
semaine à dix jours; il est bon de ne sortir au fur et à mesure
de cette caisse que la quantité qui doit être immédiatement
écoulée.

Avant toute autre chose, il convient d'assortir les variétés de
thé suivant la nature de l'eau dont on use là où l'on doit
employer le mélange. Certains thés s'accommodent des eaux

lourdes, dures, ou crues; d'autres conviennent aux eaux
« moyennes », d'autres enfin ne donnent une infusion satisfaisante qu'avec des eaux très légères ; il faut se garder de
mélanger entre eux des thés dont certains ne conviendraient
pas à la nature de l'eau dans laquelle ils infuseront.

D'une manière générale, pour les eaux lourdes, on peut
employer les thés forts. Tels sont la plupart des thés de
l'Inde (surtout ceux qui proviennent de la variété Assam); les
thés forts de Ceylan (y compris les broken leaf pekoes); parmi
les monings, les oonfas forts; parmi les kaisows, les padraes,
saryunes et ankois ; parmi les sortes nouvelles, les hoyunes.

Pour les eaux « moyennes » ou ordinaires, il convient d'employer des sortes à parfum « moyen ». Tels sont : parmi les thés
de l'Inde, les cachars, darjeelings ; la plupart des thés de Ceylan ;
parmi les monings, les oonfas, oopaks-keemuns; parmi les
kaisows, les saryunes, soo-moos, panyongs; et enfin la plupart
des oolongs et des thés verts.

Pour les eaux légères, les meilleurs résultats sont obtenus
avec les variétés très parfumées : la plupart des thés de Ceylan,
les darjeelings et les kangara de l'Inde; parmi les monings, les
ning chows, les kintucks, keemuns; parmi les kaisows, les
ching wos, panyongs, packlings ; et, d'une manière générale,
les thés aromatiques, comme les thés de senteur.

Ceci posé, je donnerai la composition de quelques mélanges
appropriés à diverses destinations (1).

(1) Au sujet des qualités respectives des différentes variétés de thé, et du rôle
qu'elles peuvent avoir dans un mélange, je citerai ici, sous leur forme pitto-
resque, quelques *tea characteristics* des mélangeurs anglais qui ne font que reproduire les indications données page 256 : .

« The Amoy teas are nutty,
« But do not cut much ice ;
« The Ceylon teas are toasty,
« And Capers smell quite nice ;
« The Foochow teas are mellow,
« And pungent are the Green,
« How grateful to the smeller
« Formosa is, I ween;

« The India teas are malty,
« The Java teas are sour,
« Pingsuey oft is faulty,
« The Moyune's like a flower ;
« Quite piquant are the Pekoes,
« And tarry the Souchongs,
« While fruity, are the Congous,
« And silky the Panyongs. »

THÉS NOIRS

Mélanges de qualité ordinaire.

Sortes de Chine.

1) (Formule de WALSH,   Moning ning chow . . .   2 parties.
    Amérique.)   Oolong d'Amoy . . . .   10 —
Ce mélange a du corps et est très aromatique.

2) (Formule de GUIGON,   Bon lapseng de Foo-Chow   75 parties.
    France.)   Kaisow. . . . .   15 —
                   Moning. . . . .   10 —
Infusion *douce*, participant du bon arome du lapseng et de la force des deux congous.

Sortes combinées.

3) (WALSH.) Moning commun. . . . .   2 parties.
            Kaisow   — . . . .   2 —
            Broken leaf Assam (de l'Inde). . . .   2 —
Bon mélange pour une eau *dure*.

4) (GUIGON.) Lapseng de Foo-Chow. . . . . .   80 pour 100.
             Pekoe de Ceylan. . . . .   20 —
Ce mélange participe de l'arome de ces deux variétés; il est assez corsé.

Mélanges de qualité moyenne.

Sortes de Chine.

5) (WALSH.) Moning ning chow . . . . 1 partie.

  Oolong de Foo-Chow . . . . 2 —

  — de Formose . . . . 2 —

Le moning donne ici de la force, l'oolong de Foo-Chow du corps, et celui de Formose de l'arome.

6) (GUIGON.) Lapseng de Foo-Chow . . . . 80 pour 100.

  Kaisow supérieur . . . . 20 —

Mêmes qualités que le n° 4, mais avec plus de finesse.

7) (GUIGON.) Lapseng de Foo-Chow, supérieur. 80 pour 100.

  Moning ning chow, de Han-kow . 20 —

Même force que le précédent, avec plus de finesse.

8) (WALSH) Kaisow . . . . 2 parties.

  Oolong de Foo-Chow .   . . . . 8 —

Mélange voisin des précédents.

Sortes combinées.

9) (GUIGON.) Lapseng de Foo-Chow . . . . . . 80 pour 100.

  Darjeeling (plaine ou bas coteaux) 20 —

Mélange à la fois fort et fin.

10) (WALSH) Moning « fruité » . . . . 1 partie.

  Souchong flavoured kaisow (1). . . 1 —

  Souchong de Cachar . . . . 3 —

Le souchong de Cachar doit ici être très fort, les autres éléments apportant surtout de la finesse. Remarquons que lorsqu'on mélange des thés de l'Inde entre eux, on obtient de bons résultats en mélangeant, à parties égales, des sortes d'Assam, de Cachar et de Darjeeling.

(1) Souchong congou

17

Mélanges de qualité supérieure.

Sortes de Chine.

11) (Guigon.) Fleurs de souchong, Foo-Chow. 70 pour 100.
Ning chow extra, Foo-Chow . . 15   —
Flowery pekoe, pointes blanches,
Foo-Choow. 15   —

Sortes combinées.

12) (Guigon). Lapseng souchong, Foo - Chow,
(fleurs). . . . . 60 pour 100.
Ning chow, Foo-Chow extra. . . 20   —
Assam pekoe, belles sortes . . . 20   —

Mélange essentiellement fort.

13) (Walsh.) Choiscest Foo-Chow oolong . . . . 2 parties.
—   Ceylon pekoe 3   —
—   Formosa oolong. 5   —

THÉS VERTS

Mélange de qualité ordinaire.

14) (Walsh.) Japan nibs . . . . 5 parties.
Moyune hyson 5   —

Mélange de qualité moyenne.

15) (Walsh.) Sun-dried japan. . . . . 3 parties.
Moyune young hyson 3   —

Mélange de qualité supérieure.

16) (WALSH.)   Moyune imperial . . . . 2 parties.
            Tienke   —   2   —
            Taiping   —   6   —
17) (WALSH)   Nankin young hyson . . . . 2 parties.
            Tienke   —   2   —
            Fy-Chow   —   6   —

THÉS NOIRS ET THÉS VERTS

Qualité ordinaire.

18) (WALSH.)   Moyune imperial. . . . .   1 partie.
            Oolong d'Amoy 4   —

Qualité moyenne.

19) (WALSH.)   Moyune young hyson . . . . 2 parties.
            Choice Formosa oolong .   . .   4   —

Qualité supérieure.

20) (WALSH.)   Sun-dried japan . . . . 5 parties.
            Moyune young hyson 10   —
            Choice Foo-Chow oolong 10   —

Mélanges anglais.

1)   Moning oopack . . . . 1 partie.
   Congou de Ceylan. 1   —
   Pekoe souchong Assam. 1   —
   Scented caper 1   —

2) Moning oonfa. . . . . 1 partie.
    Kaisow. . . . . 1 —
    Pekoe de Darjeeling. . . . . 1 partie.
    Souchong d'Assam . . . . 1 —
    Golden pekoe (1) de Ceylan . . . . 1 —
3) Moning ning chow . . . . 1 partie.
    Kaisow ching wos . . . . 1 —
    Pekoe de Darjeeling. . . . . 2 —
    Broken leaf d'Assam . . . . 6 —
    —   de Ceylan. . . . . 6 —

Mélanges russes.

1) Moning commun . . . . 1 partie.
    Kaisow . . . . 1 —
    Lapseng souchong commun. . . . . 3 —
2) Kaisow. . . . . 1 partie.
    Moning ning chow . . . . 1 —
    Orange pekoe de Chine . . . . 1 —
    Lapseng souchong . . . . 3 —
3) Souchong ou congou de l'Inde . . . .   1 ou 2 parties.
    Souchong de Ceylan . . . . de 1 à 4   —
    Lapseng souchong. . . . . de 4 à 6   —

1) Pekoe à pointes dorées.

INDEX BIBLIOGRAPHIQUE [1]

J.-E. Aird. — Hygrometry as applied in the manufacture of tea. *Indian planting*, 13 feb. 1904.

André. — Dosage de la caféine dans le thé (*Répertoire de Pharmacie*), t. XIV, 1902.

K. Aso. — On the rôle of Oxydase in the preparation of commercial tea. *Bull. of the College of Agriculture*. Tokio, vol. IV, n° 4, 1901.

C. Bald. — Indian tea, its culture and manufacture, being a text book on the cultivation and manufacture of tea. (Calcutta, 1903, Thacker, Spink & C°.)

K. Bamber. — [1] A Text book on the chemistry and agriculture of tea. Calcutta, 1893.

— [2] Report on Ceylon tea soils and their effects on the quality of tea. Colombo, 1900.

— [3] What produces the flavour in tea. (An interwiew with M. Kelway-Bamber.) *Indian Gardening*, 28 nov. 1901.

K. Bamber et Herbert Wright. — Note préliminaire sur l'enzyme du thé. *Indian Gardening*, 27 fév. 1902.

George Barker. – A tea planter's life in Assam (cité par d'autres auteurs).

A. Biétrix. — Le thé. Botanique et culture, falsifications, richesse en caféine des différentes espèces. Paris, 1892.

V. Boutilly. — Le thé. Sa culture et sa manipulation. Paris, 1898.

Cazeneuve et Caillol. — Note sur les digesteurs (*Journal de Pharmacie et de Chimie*, 1877). (Pour la théine, v. p 271.)

Eug. Collin. — Du thé chinois et de quelques-uns de ses succédanés. *Journal de Pharmacie et de Chimie*, t. XI, 1900.

F. Coulombier. — L'arbre à thé. Paris, 1900.

D. Crole. — Tea A text book of tea planting and manufacture. London, 1897.

---

(1) Je n ai pas la prétention de donner ici une bibliographie complète du thé. J indique simplement les sources principales auxquelles j'ai puisé ; le lecteur pourra s'y reporter s'il désire avoir de plus amples détails sur un ou plusieurs cas l'intéressant plus particulierement.

R Davidson. — Enzymes and tea soils. *Indian Gardening*. 19 déc. 1901.

H.-Dr. Deane. — Colouring matter for green teas. *Indian Gardening*, 8 mai 1902.

— Indian and Ceylon green teas.. glazind without adulteration... the chinese facing fake exposed . *Tea*, 1902. *Planting Opinion*, 8 mars 1902. *Indian Gardening*, 3 av. 1902.

— Huile de thé. *Journal d'Agriculture tropicale*, n° 39, 30 sept. 1904 , n° 45, 31 mars 1905.

Deane and Judge — Green tea manufacture. *Planting Opinion*, 4 oct. 1902

G. Delacroix. — Les maladies du théier. *Journal d'Agriculture tropicale*, n° 9, 1902.

De Dilu-Stierling — Le thé soluble de Ceylan. *De Indische Mercuun*, 26 janvier et 22 mars 1904. *Journal d'Agriculture tropicale*, n° 33, 30 mars 1904.

Gerald G. Dudgeon. — Observations on the colouring or « finishing » of green teas *Indian planting*, may 28, 1904.

J. Mac Evan — The geographical distribution of the tea plant in growth, and of its products and consumption. *Verhandl. des VII Internat. Geographen-Kongress* (Berlin 1899.) Berlin 1901, t. II.

P. Feldmann. — Eine neue methode zur quantitative Bestimmung des Gerbstoffes. *Pharmacent Zeit*. 1903.

W.-M. Glynn. — An improved process for equalising tea leaf. *Indian Gardening*, 11 sept. 1902. *Journal d'Agriculture tropicale*, n° 28, 1903.

G -A. Guigon. — Le thé. Histoire, culture, préparation, pays producteurs, importations, statistiques générales, prix, classifications et mélanges. Paris, 1901.

L. Hautefeuille et Ch. Judge. — Sur le thé soluble de Ceylan. *Journal d'Agriculture tropicale*, n° 40, 31 oct. 1904.

J.-G. Houssaye. — Monographie du thé. Description botanique, torréfaction, composition chimique, propriétés hygiéniques de cette feuille. Paris, 1843.

Ch. Judge. — [1] De quoi dépend la grandeur des feuilles de thé. *Journal d'Agriculture tropicale*, n° 12, 1902.

— [2] Green teas. *Indian Planter's Gazette*, 1902. *Planting Opinion*, 1902, etc.

— [3] Fabrication du thé noir Conditions et rôle du flétrissage. *Journal d'Agriculture tropicale*, n° 23, 1903

— [4] Fabrication du thé noir Fermentation. *Journal d'Agriculture tropicale*, n° 27, 1903

— Conversion des thés verts en thés noirs *Journal d'Agriculture tropicale*, n° 32, 20 février 1904.

H.-J. Kersting-Grell. — Machinery in the tea industry. *Feilden's Magazine*, vol. 6 et 7, 1902.

A. Kircher. — La Chine illustrée. Amsterdam, 1670.

I Kochs. — Ueber die Gattung Thea und den chinesischen Thee. A. Engler's, *Botan. Jahrb.* 1900.

A. Kossel — Ueber eine neue Base aus dem pflanzenreich (Theophylline). *Ber. d. Deutsche Chem. Gesells*, no 11, 1888.

Y Kozai — Researches on the manufacture of various kind of tea. Tokyo. (*Chem and Drugg.*, 1891.)

Krasnow. — Les pays théiers de l'Asie. Pétersbourg, 1897 (en russe).

R. de B.-Layard. — The Formosa tea industry. Memorandum on the tea industry of the Island of Formosa. *Tropical Agriculturist*, 1er oct. 1902.

E. Léger — Notes sur l'essai des drogues simples (cola guarana, thé, café). *Journal de Pharmacie et de Chimie*, 1903.

J.-B. Leslie-Rogers — Note on green tea manufacture. *Indian Gardening*, 23 oct. 1902.

F. Main. — [1] Uniformisation du calibre des feuilles de thé fraiches. *Journal d'Agriculture tropicale*, no 28, 31 oct. 1904.

— [2] La manutention du thé en Europe. *Journal d'Agriculture tropicale*, no 30, 31 déc. 1903.

Wm.-B. Marshall. — Tea. *Am. Journ Pharm*. Philadelphia, 1903.

H -H. Mann. — [1] The tea soils of Assam and tea manuring. Calcutta, 1901.

— [2] Studies in the Chemistry and Physiology of the tea Leaf. Part. I. The enzymes of the tea leaf. *Journal of the Asiatic Society of Bengal*, vol. LXX, part. II, no 2, 1901.

— [3] The ferment of the tea leaf and its relation to quality in tea. *Tropical agriculturist*, 1er janv 1902.

— [4] The ferment of the tea leaf. Part. II. Calcutta, 1903.

— [5] — — Part. III. — 1904.

Edw. Money. — The cultivation and manufacture of tea (Calcutta, Thacker, Spink & Co)

A.-W. Nanninga. — [1] Zevende verslag over de onderzoekingen op Java gecultiveerde Theeen. Batavia, 1900.

— [2] Achtste verslag over de onderzoekingen betreffende op Java gecultiveerde theeen. Batavia, 1901.

— [3] Onderzoekingen omtrent de theefabrikatie. *Teysmania*, 12 jaarg. 4 en 5 afl. Batavia, 1901.

— [4] Onderzoekingen de theefabrikatie. *Teysmania*, deel XII, afl. 9, Batavia, 1901.

— [5] Onderzoekingen de theefabrikatie *Teysmania*, deel XII, afl 10 en 11. Batavia, 1901.

A.-W. NANNINGA. — [6] Negende verslag over de onderzoekingen betreffende op Java gecultiveerde theeën. Batavia, 1902.

— [7] Invloed van den boden op de samenstelling van het theeblad en de qualiteit der thee. Batavia, 1903.

H. NEUVILLE. — [1] La fermentation du thé. *Journal d'Agriculture tropicale*, n° 18, 1902.

— [2] Les thés d'Extrême-Orient. *Journal d'Agriculture tropicale*, n° 21, 1903.

— [3] La fleur de thé. *Journal d'Agriculture tropicale*, n° 25, 1903.

C.-R. NEWTON. — [1] Oxydising enzymes *Indian Gardening*, 28 nov. 1901.

— [2] The fermentation of the tea leaf.   —   19 déc 1901.

— [3] The new process for fermenting tea (further information on the isolated enzyme, from the discoverer M. NEWTON) *Tropical Agriculturist*, 1er janv. 1902.

PAUL — Determination of caffeine. *Pharmaceutical Journal*, vol. 21, mars, 1891.

PAUL et COWNLEY. — [1] Chemical notes on tea. *Pharmaceutical Journal*, 19 nov. 1887.

— [2] Amount of theine in tea. *Pharm. Journ.*, 1891.

PÉLIGOT (in HOUSSAYE).

RICHL et COLLIN — Falsification du thé en Chine. *Journal de Pharmacie et de Chimie*, 5e sér , t. XXI.

P. van ROMBURGH et C.-E.-J. LOHMANN. — [1] Onderzoekingen betreffende op Java gecultiveerde heeen. Verslag omtrent den staat van, Lands Plantentuin te Buitenzorg over het jaar 1894. Batavia, 1895.

— [2] Derde verslag over de onderzoekingen betreffende op Java gecultiveerde Theeen. Batavia, 1896.

— [3] Vierde verslag over de onderzoekingen betreffende op Java gecultiveerde theeen. Batavia, 1897.

- [4] Vijfde verslag over de onderzoekingen betreffende op Java gecultiveerde theeen. Batavia, 1898.

— [5] Zesde verslag over de onderzoekingen betreffende op Java gecultiveerde theeen. Batavia, 1899.

H.-K. RUTHERFORD and John HILL. — The Ceylon tea Planter's Note-book. Useful Memorandum. Londres (Hutchinson) et Colombo (*Times of Ceylon*).

H SANDERSON. — [1] Fermentation. *Indian Gardening*, 28 nov. 1901

— [2] Withering and Withering Houses. *Indian Gardening*, 24 janv. 1903.

A. SCHULTE IN HOFE. — Die Cultur und Fabrication von Thee in British-Indien und Ceylan, mit Rucksicht auf den wirtschaftlichen Werth der Theecultur fur die deutschen Kolonien. *Beihefte zum Tropenpflanzer*, mai 1904.

G.-W. SUTTEN. — Improved system of drying green leaf. *Indian Planter's Gazette*. 1903.

N. SUZUKI. — [1] Contributions to the physiological knowledge of the tea plant. *Bulletin of the Coll. of agriculture*. Tokyo, vol. IV, n° 4, juin 1901.

— [2] On the localization of theine in the tea leaves *Bull of the Coll. of Agriculture*. Tokyo, vol. IV, n° 4, juin 1901.

J. WALLIS TAYLER. — Tea machinery and tea factories (Calcutta, THACKER, SPINK & Co).

Geo THORNTON PETT. — The Ceylon tea-makers hand book. Colombo, 1899.

T***. — The possible causes of flavour in tea. *Indian Gardening*, 19 déc. 1901.

J. VILBOUCHEVITCH. — L'huile de thé *Journal d'Agriculture tropicale*, n° 3, sep. 1901 ; n° 14, août 1902.

G. WANGEL. — Ueber Theegahrung, *Chemiker Zeitung*, 1903.

J.-M. WALSH. — Tea-blending as a fine art. Philadelphia, 1896

G. WATT et H.-H. MANN. — Camell a thea (the tea plant). The principales of tea pruning *The agricultural Ledger*, 1905.

WATT. — Dictionnary, art. Tea, vol. VI, part. III.

J. WYS. — Ueber einige unbekannte und weniger bekannt œle (IV,' Theesamenol), *Zeitschrift für Untersuchunzen der Nahrungsmittel*, 1903, n° 11.

X***. — Gouvernement général de Formose. Service d'exploitation agricole et commerciale. Notice sur le thé de Formose. Taipeh, imprimerie du *Taiwan Nichinichi Sunpo*, 1900.

TABLE MÉTHODIQUE

3 Junin 19

ALENÇON, IMPRIMERIE A. HERPIN, 17859

MINISTÈRE DES COLONIES

Inspection Générale de l'Agriculture Coloniale

L'Agriculture pratique des pays chauds

Bulletin mensuel du Jardin Colonial

et des Jardins d'essai des Colonies

Un numéro de 88 pages environ paraît tous les mois

5ᵉ ANNÉE

Janvier 1905 à Décembre 1905

ABONNEMENT ANNUEL. (France-Union postale) . . .   **20 fr.**

Ce périodique publié sous la direction de l'Inspecteur général de l'Agriculture coloniale est devenu en quelques années **le plus important** et **le plus répandu** de tous les journaux similaires en langue française.

Organe du **Jardin Colonial**, par là même à la source des meilleurs renseignements, donnant les résultats pratiques des jardins d'essai des colonies, accueillant en outre des études diverses dues à des collaborateurs d'une valeur scientifique de premier ordre, ce recueil s'adresse non seulement aux colonies françaises, mais à **tous les pays de cultures tropicales.**

Depuis son origine (juillet 1901) l'**Agriculture pratique des pays chauds** a publié près de **250 articles** (monographies, études et notes diverses) formant **2.500 pages** et comprenant plus de **350 figures** (dessins, photographies, cartes ou planches hors texte). Voir ci-contre l'extrait de la table des matières.

A. CHALLAMEL, Editeur, 17, rue Jacob, Paris

D'importants travaux sont actuellement en cours de publication, entre autres un intéressant mémoire sur la **Sériciculture**, la savante étude du Dr Delacroix sur les **Maladies des plantes tropicales**, un **Traité pratique de la culture du Caféier**, etc.

Depuis le mois de Janvier 1905, le périodique devenu **MENSUEL** (chaque numéro, 88 pages environ), formera **chaque année deux volumes** de plus de **500 pages** chacun.

Prix de l'abonnement annuel.. ... . **20 Fr.**

Les abonnements partent de Janvier ou de Juillet

Adresser les demandes d'abonnement et les mandats à

M. Augustin CHALLAMEL, Editeur.

17, rue Jacob, Paris.

Un numero specimen est adressé gratuitement sur demande.

LA COLLECTION DE

" L'Agriculture pratique des pays chauds "

COMPREND A CE JOUR 4 VOLUMES

1º Juillet 1901 à Juin 1902	1 vol. in-8º	**20 fr.**
2º Juillet 1902 à Juin 1903 .	—	**20 fr.**
3º Juillet 1903 à Juin 1904 . .	—	**20 fr.**
4º Juillet 1904 à Décembre 1904 .	—	**10 fr.**

(Envoi franco contre mandat-poste)

MINISTÈRE DES COLONIES

Inspection Générale de l'Agriculture Coloniale

L'Agriculture pratique
des pays chauds

Bulletin mensuel du Jardin Colonial

et des Jardins d'essai des Colonies

Un numéro de 88 pages environ paraît tous les mois

5° ANNÉE

Janvier 1905 à Décembre 1905

ABONNEMENT ANNUEL. (France-Union postale) . . . 20 fr.

Ce périodique publié sous la direction de l'Inspecteur général de l'Agriculture coloniale est devenu en quelques années **le plus important** et le **plus répandu** de tous les journaux similaires en langue française.

Organe du **Jardin Colonial**, par là même à la source des meilleurs renseignements, donnant les résultats pratiques des jardins d'essai des colonies, accueillant en outre des études diverses dues à des collaborateurs d'une valeur scientifique de premier ordre, ce recueil s'adresse non seulement aux colonies françaises, mais à **tous les pays de cultures tropicales.**

Depuis son origine (juillet 1901) l'**Agriculture pratique des pays chauds** a publié près de **250 articles** (monographies, études et notes diverses) formant **2.500 pages** et comprenant plus de **350 figures** (dessins, photographies, cartes ou planches hors texte). Voir ci–contre l'extrait de la table des matières.

A. CHALLAMEL, Editeur, 17, rue Jacob, Paris

D'importants travaux sont actuellement en cours de publication, entre autres un intéressant mémoire sur la **Sériciculture**, la savante étude du D' Delacroix sur les **Maladies des plantes tropicales**, un **Traité pratique de la culture du Caféier**, etc.

Depuis le mois de Janvier 1905, le périodique devenu **MENSUEL** (chaque numéro, 88 pages environ), formera **chaque année deux volumes** de plus de **500 pages** chacun.

Prix de l'abonnement annuel...... . **20 Fr.**

Les abonnements partent de Janvier ou de Juillet

Adresser les demandes d'abonnement et les mandats à

M. Augustin CHALLAMEL, Editeur,

17, rue Jacob, Paris.

Un numéro spécimen est adressé gratuitement sur demande.

LA COLLECTION DE

" L'Agriculture pratique des pays chauds "

COMPREND A CE JOUR 4 VOLUMES

1º **Juillet 1901 à Juin 1902** .	1 vol. in-8º.	**20 fr.**
2º **Juillet 1902 à Juin 1903** .	—	**20 fr.**
3º **Juillet 1903 à Juin 1904** . .	-	**20 fr.**
4º **Juillet 1904 à Décembre 1904** .	—	**10 fr.**

(Envoi franco contre mandat-poste)

A CHALLAMEL, Editeur, 17, rue Jacob, Paris

Extrait de la Table des matières

DES 4 PREMIÈRES ANNÉES

DE

« l'Agriculture pratique des pays chauds »

Riz. — Décortication (Ringelmann). — Culture dans le Haut-Oubanghi (Michot). — Essais de décortication des riz de Madagascar à la station d'essai de machines (Ringelmann). — Essais de décortication des riz de l'Indo-Chine (Ringelmann).

Cultures diverses. — L'Abbaca aux Philippines. — L'Aleurites cordata. — L'Arbre a suif. — Fabrication du beurre de coco. — Les Dattiers. — Dolic bulbeux. — Encommia ulmoïdes. — Haricot du Kissi. — L'Iboga. — L'Indigo. — Une nouvelle mandarine. — Exportation des palmistes. — Etude sur les Plectranthus. — Maladies du Poivrier. — La Ramie. — L'huile de Sapuim. Le Téné-fi. — Le Teosinte. —. Gommes et résines du Sénégal.

Les Amidons. — Le Bombix Faiderbii. — Graines grasses de Madagascar. — L'huile de bois. — L'hyptis spicigera. — Etude sur la graine d'Irwingia Oliverii. — Notes sur le beurre de Karité. — La Ketmie musquée. — Le Kinkeliba. — Le Ksopo. — Culture du Maté. — Les Palmiers. — Notes sur le Polygala Butyracea. — Les produits odorants des Colonies. — Culture du Sanseveria. — La Soie Soudanaise. — La Vigne.

Notes sur l'Ampemby. — La fécule d'Arrow-root. — Les graines de Balanites. — Le Baobab. — La Gomme laque. — Extraction de l'huile de palme. Culture du Jute au Tonkin. — Le Maïs. — L'Alcool de Mangues. — Révision du genre Myodocarpus. — La graine de Papsalum — Multiplication du poivrier. — La graine de Tief. — Les vers à soie à Madagascar. — Les Champignons. — Notes sur la culture de l'Ampemby. — La Soie d'araignée a Madagascar. — La Multiplication des bambous. — Les produits odorants des colonies françaises. — Coleus Dazo.

Elevage. — Le Bétail à la Guyane (Desmisseaux). — Le Bétail à l'île Mateba (Autran). — L'élevage en Nouvelle-Calédonie (Laforgue). — Le Bétail dans l'Afrique Occidentale. — L'elevage a Madagascar (L¹ Ch. Roux).

Etudes générales sur diverses régions. — La Flore du Congo. — L'Agriculture au Mexique. — L'Agriculture au Soudan — Les Cultures de l'Archipel des Comores. — Cultures légumières à Madagascar. — Produits de la Guinée et du Soudan. — Le Sultanat d'Anjouan. — Cultures de la Trinidad. Situation agricole de la Guinée, de la Côte-d'Ivoire, du Soudan, du Sénégal et du Congo — Cultures fruitières et potagères en Guinée, en Indo-Chine. — Les Bois du Congo. — Rapport de mission en Guinée (J. Dybowski). — Conférence sur Madagascar (M. Deslandes). — Rapport sur le jardin colonial.

Génie rural. — Emploi de la charrue dans les pays chauds. — Machines à défibrer. — Cours de génie rural aux colonies. — Le Transport des bois dans les forêts coloniales. — Bulletins d'expériences de la station d'essais de machines agricoles.

Travaux divers. — Commerce des fruits exotiques en Angleterre. — La lutte contre la Malaria. — La destruction des termites. — La conservation du maïs. — La préparation des herbiers. — Récolte des végétaux destinés aux études scientifiques. — Les Insectes nuisibles. — Plantes disponibles dans les jardins d'essai. — Bibliographie.

A. CHALLAMEL, Éditeur, 17, rue Jacob, PARIS

OUVRAGES SUR LES CULTURES TROPICALES
et les productions des Colonies

Le Catalogue spécial est adressé franco sur demande

A. CHALLAMEL, Éditeur, 17, rue Jacob, Paris

Extrait de la Table des matières

DES 4 PREMIÈRES ANNÉES

DE

« *l'Agriculture pratique des pays chauds* »

Riz. — Décortication (Ringelmann). — Culture dans le Haut-Oubanghi (Michot). — Essais de décortication des riz de Madagascar à la station d'essai de machines (Ringelmann). — Essais de décortication des riz de l'Indo-Chine (Ringelmann).

Cultures diverses. — L'Abbaca aux Philippines. — L'Aleurites cordata. — L'Arbre à suif. — Fabrication du beurre de coco. — Les Dattiers. — Dolic bulbeux. — Encommia ulmoïdes. — Haricot du Kissi. — L'Iboga — L'Indigo. — Une nouvelle mandarine. — Exportation des palmistes. — Etude sur les Plectranthus. — Maladies du Poivrier. — La Ramie. — L'huile de Sapuim. Le Téné-fi. — Le Teosinte. — Gommes et résines du Sénégal.

Les Amidons. — Le Bombix Faiderbit. — Graines grasses de Madagascar. — L'huile de bois. — L'hyptis spicigera. — Etude sur la graine d'Irwingia Oliverii. — Notes sur le beurre de Karité. — La Ketmie musquée. — Le Kinkeliba. — Le Ksopo. — Culture du Maté. — Les Palmiers. — Notes sur le Polygala Butyracea. — Les produits odorants des Colonies. — Culture du Sanseveria. — La Soie Soudanaise. — La Vigne.

Notes sur l'Ampemby. — La fécule d'Arrow-root. — Les graines de Balanites. — Le Baobab. — La Gomme laque. — Extraction de l'huile de palme. Culture du Jute au Tonkin. — Le Maïs. — L'Alcool de Mangues. — Révision du genre Myodocarpus. — La graine de Papsalum. — Multiplication du poivrier. — La graine de Tief. — Les vers à soie à Madagascar. — Les Champignons. — Notes sur la culture de l'Ampemby. — La Soie d'araignée a Madagascar. — La Multiplication des bambous. — Les produits odorants des colonies françaises. — Coleus Dazo.

Elevage. — Le Bétail à la Guyane (Desmisseaux). — Le Bétail à l'île Mateba (Autran). — L'élevage en Nouvelle-Calédonie (Laforgue). — Le Bétail dans l'Afrique Occidentale. — L'elevage à Madagascar (L¹ Ch. Roux).

Etudes générales sur diverses régions. — La Flore du Congo. — L'Agriculture au Mexique. — L'Agriculture au Soudan — Les Cultures de l'Archipel des Comores. — Cultures légumières à Madagascar. — Produits de la Guinée et du Soudan. — Le Sultanat d'Anjouan. — Cultures de la Trinidad. Situation agricole de la Guinée, de la Côte-d'Ivoire, du Soudan, du Sénégal et du Congo — Cultures fruitières et potagères en Guinée, en Indo-Chine. — Les Bois du Congo. — Rapport de mission en Guinée (J. Dybowski). — Conférence sur Madagascar (M. Deslandes). — Rapport sur le jardin colonial.

Génie rural. — Emploi de la charrue dans les pays chauds. — Machines à défibrer. — Cours de génie rural aux colonies. — Le Transport des bois dans les forêts coloniales. — Bulletins d'expériences de la station d'essais de machines agricoles.

Travaux divers. — Commerce des fruits exotiques en Angleterre. — La lutte contre la Malaria. — La destruction des termites. — La conservation du maïs. — La préparation des herbiers. — Récolte des végétaux destinés aux études scientifiques. — Les Insectes nuisibles. — Plantes disponibles dans les jardins d'essai. — Bibliographie.

---

www.ingramcontent.com/pod-product-compliance
Lightning Source LLC
Chambersburg PA
CBHW070302200326
41518CB00010B/1866